곤충 크기 기준

곤충 종류에 따라서 크기를 측정하는 방법이 다르다.
대표 분류군 7개를 선정하여 크기 측정 방법을 소개한다.

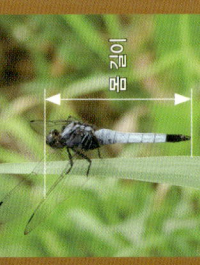
파리목 — 몸 길이

노린재목 — 몸 길이

잠자리목 — 몸 길이

나비목 — 날개 편 길이

메뚜기목 — 몸 길이, 날개 끝 길이

딱정벌레목 — 몸 길이

벌목 — 몸 길이

JN399096

곤충 검색 도감

한영식 지음

호랑꽃무지

 머리말

흐드러지게 핀 하얀 조팝꽃 위에 곤충들의 향연이 펼쳐진다. 몰래 그들만의 축제를 찾은 지 벌써 30여 년이 되었지만 지금도 따스한 봄 햇볕만 보면 내 마음은 그때처럼 설렌다. 봄 소풍을 떠날 날만 손꼽아 기다리는 아이처럼 엉덩이를 들썩이며 겨우내 묵혀 둔 카메라를 연신 만지작거린다. 바야흐로 봄은 곤충의 계절이다.

그렇지만 곤충과 친구가 되는 길은 쉽지 않다. 크기가 워낙 작아서 찾기 어렵고, 관찰하다 보면 금방 날아간다. 또 종류가 많아 정확한 이름을 알기가 어려우니 관심을 가졌던 사람도 돌아서 버리기 일쑤다.

《곤충 검색 도감》은 곤충에 호기심이 생긴 사람들이 곤충과 진정한 친구가 되도록 도와주는 책이다. 남들보다 먼저 곤충과 가까워진 경험을 바탕으로 자연에서 발견한 곤충의 이름과 꼭 필요한 정보를 쉽게 찾을 수 있게 서식지별·분류군별 기준으로 구분하여 수록했다.

아름다운 강산에 다채로운 곤충이 살고 있는 우리나라가 좋고, 곤충과 친구처럼 지내는 많은 사람과 함께할 수 있어 즐거우며, 곤충과 친해질 수 있는 좋은 책을 만드는 진선출판사가 있어서 감사하고, 앞으로도 계속 곤충을 곁에 두고 살 수 있어서 정말 기쁘다.

아직 신비로운 곤충 세계에 매료되지 못한 사람들이 곤충의 삶을 함께 공유하는 즐거움을 누릴 수 있기를 기대해 본다.

2021년 봄 한영식

# 일러두기

1. 이 책에는 우리나라에서 쉽게 만나는 18목 212과 1005종의 곤충을 실었다.
2. 책 앞부분에는 본문의 곤충을 목별, 과별, 종별 순서로 구분한 '분류군별 곤충 찾기'를 실었고, 각 종별로 사진을 담아 검색의 편리함을 더하였다.
3. 본문에는 곤충을 서식지별·분류군별 순서로 배치하여 발견한 장소와 분류군 순서를 고려해 곤충의 이름과 정보를 찾을 수 있도록 하였다.
4. 곤충의 서식지는 땅, 잎, 꽃, 나무, 물, 밤을 기준으로 6개 장에 나누어 실었으며, 서식지별로 구분이 되도록 책 상단 모서리에 다른 색깔을 부여하였다.
5. 곤충의 분류군은 딱정벌레목, 나비목, 노린재목, 파리목, 벌목, 메뚜기목, 잠자리목, 그 밖의 곤충 순서로 서식지마다 일괄 적용해 곤충을 실었다.
6. 본문에는 성충과 함께 많이 발견되는 유충(약충), 번데기, 알 사진과 이형, 계절형, 암수, 날개 모습 등의 사진을 중요한 순서에 따라 배열해 곤충의 다양한 생태를 살펴볼 수 있다.
7. 곤충 사진은 실제 크기와 일치하지 않지만 대형 곤충은 크게, 소형 곤충은 작게 실어 현실감 있게 구성하였고, 정확한 곤충의 크기는 본문 정보에 담았다.
8. 본문에는 곤충의 이름, 크기, 출현 시기, 먹이, 형태 및 생태 정보를 넣어 발견한 곤충의 전반적인 정보를 한눈에 파악할 수 있다.
9. 곤충의 애벌레는 모두 '유충'이라고 부르지만, 구분을 위해 완전변태하는 애벌레를 '유충(幼蟲)'으로, 불완전변태하는 애벌레를 '약충(若蟲)'으로 지칭한다.
10. 책 뒷부분의 '곤충 상식'에는 곤충의 개요, 채집과 관찰, 생태 이야기, 다양한 절지동물 등을 소개해 곤충의 이해를 도왔다.
11. 책의 면지에는 곤충 크기를 측정하는 정보와 직접 측정이 가능한 '자'를 넣어 현장에서 활용할 수 있다.
12. 곤충의 우리말 이름은 《한국곤충총목록》(2010년)을 기준으로 작성하였다.
13. 찾아보기에는 곤충의 우리말 이름을 ㄱ, ㄴ, ㄷ 순으로 정리하고, 학명도 나란히 실었다.

호리꽃등에

호랑나비의 유충

차례

머리말 2 | 일러두기 4 | 이 책의 구성 및 활용 방법 8
곤충의 서식지 11 | 분류군별 곤충 찾기 12

1장 땅에서 만나는 곤충
딱정벌레목 78 | 나비목 97 | 노린재목 106 | 파리목 113 | 벌목 116
메뚜기목 121 | 풀잠자리목 130 | 약대벌레목 130 | 밑들이목 131
바퀴목 131 | 집게벌레목 133 | 좀목 135 | 돌좀목 135

2장 잎에서 만나는 곤충
딱정벌레목 138 | 나비목 192 | 노린재목 224 | 파리목 268 | 벌목 283
메뚜기목 288 | 풀잠자리목 308 | 바퀴목 311 | 집게벌레목 313

3장 꽃에서 만나는 곤충
딱정벌레목 316 | 나비목 322 | 노린재목 335 | 파리목 338
벌목 345 | 메뚜기목 351

4장 나무에서 만나는 곤충
딱정벌레목 354 | 노린재목 372 | 벌목 378 | 바퀴목 380 | 대벌레목 381

5장 물에서 만나는 곤충
딱정벌레목 384 | 노린재목 387 | 잠자리목 392 | 풀잠자리목 406
밑들이목 406 | 날도래목 407 | 하루살이목 408 | 강도래목 411

6장 밤에 만나는 곤충
딱정벌레목 416 | 나비목 427 | 노린재목 464 | 파리목 467
벌목 467 | 메뚜기목 468 | 잠자리목 468 | 풀잠자리목 469

곤충 상식 470 | 찾아보기 498

이 책의 구성 및 활용 방법

《곤충 검색 도감》은 우리나라에 살고 있는 곤충을 서식지별·분류군별로 구분하여 발견한 곤충을 쉽게 검색하도록 구성하였다. 분류군별 곤충 찾기는 책에 수록된 곤충을 무리별로 찾아볼 수 있게 안내하였으며, 본문에는 검색한 곤충의 이름과 다양한 정보를 소개하였다. 또한 곤충 상식에는 곤충을 이해하는 데에 도움이 되는 다양한 정보를 담았다.

●분류군별 곤충 찾기 구성

본문의 곤충을 목별, 과별, 종별의 분류군별 기준으로 쉽게 찾아볼 수 있도록 책 앞부분에 담았다.

목명

과명

딱정벌레목

딱정벌레과

길앞잡이 78

아이누길앞잡이 78

무녀길앞잡이 78

꼬마길앞잡이 78, 422

홍단딱정벌레 79

멋쟁이딱정벌레 79

사진

종명, 본문 쪽수

8

●본문 구성

가장 많이 관찰되는 곤충을 서식지별·분류군별로 소개해 총 18목 212과 1004종의 곤충 생태 사진과 크기, 출현 시기, 먹이, 형태 및 생태적 특징을 다룬 다양한 정보를 실었다.

서식지 및 목명 / 과명 / 곤충 생태 사진 / 서식지 구분 색깔

종명 / 크기 / 출현 시기(괄호 안은 주 출현 계절임)

왕쌍무늬먼지벌레 12.5~14mm, 5~8월 (여름), 소형 곤충(성충). 몸은 적갈색이고 머리와 앞가슴등판은 붉은색 광택이 난다.

먹이(괄호 안은 먹이를 먹는 주체를 지칭함. 별도 설명이 없을 시 성충과 유충 모두의 먹이임) / 곤충의 주요 특징

이 책의 구성 및 활용 방법

● 곤충 상식 구성

곤충의 분류와 형태, 채집과 관찰, 생태 이야기 등 곤충을 이해하는 데에 도움이 되는 유용한 정보를 실었다.

주제 / 전반 설명 / 이해를 돕는 사진 / 사진 설명 / 상세 설명

● 찾아보기

곤충의 우리말 이름을 ㄱ, ㄴ, ㄷ 순서로 쉽게 찾을 수 있게 정리하였으며, 학명도 나란히 실었다.

곤충의 서식지

곤충은 종류에 따라 다양한 서식지를 터전 삼아 살아가기 때문에 땅 위를 기어가는 곤충, 잎사귀를 갉아 먹는 곤충, 꽃가루와 꿀을 빠는 곤충, 나무를 갉아 먹는 곤충, 물에 사는 곤충, 밤에 켜진 등불에 모이는 곤충 등을 관찰할 수 있다.

① 땅

산길, 공원 길, 수로, 주택가 주변

② 잎

풀밭, 논밭, 냇가, 숲

③ 꽃

정원, 식물원

④ 나무

숲, 벌채목, 고사목, 그루터기

⑤ 물

냇가, 강, 습지, 연못, 저수지

⑥ 밤

가로등, 나뭇진

분류군별 곤충 찾기

딱정벌레목 13 | **나비목** 32 | **노린재목** 46 | **파리목** 56
벌목 61 | **메뚜기목** 65 | **잠자리목** 68 | **풀잠자리목** 70
약대벌레목 71 | **밑들이목** 71 | **날도래목** 71
하루살이목 72 | **강도래목** 72 | **바퀴목** 73
집게벌레목 74 | **대벌레목** 74
좀목 74 | **돌좀목** 74

딱정벌레목

딱정벌레과

길앞잡이 78	아이누길앞잡이 78
무녀길앞잡이 78	꼬마길앞잡이 78, 422
홍단딱정벌레 79	멋쟁이딱정벌레 79
풀색명주딱정벌레 80	검정명주딱정벌레 79, 421
긴조롱박먼지벌레 80	줄딱부리강변먼지벌레 84
볕강변먼지벌레 84	일본해변먼지벌레 84
큰줄납작먼지벌레 83	등줄먼지벌레 84
등빨간먼지벌레 83	검정칠납작먼지벌레 83
윤납작먼지벌레 83	큰가시머리먼지벌레 85

딱정벌레목

가슴털머리먼지벌레 421 · 참머리먼지벌레 85 · 북방머리먼지벌레 85 · 꼬마좁쌀먼지벌레 85

큰둥글먼지벌레 82 · 우수리둥글먼지벌레 82 · 어리노랑테무늬먼지벌레 82 · 줄먼지벌레 80

끝무늬녹색먼지벌레 81 · 쌍무늬먼지벌레 82 · 미륵무늬먼지벌레 81, 421 · 왕쌍무늬먼지벌레 81

노랑무늬먼지벌레 81 · 엷은먼지벌레 84 · 줄납작밑빠진먼지벌레 85 · 한라십자무늬먼지벌레 84

폭탄먼지벌레 80, 421 · 물방개과 · 물방개 384 · 검정물방개 384

꼬마줄물방개 385, 424

알물방개 385

깨알물방개 385

혹외줄물방개 385

애기물방개 384, 424

물맴이과

물맴이 386

물진드기과

물진드기 386

물땡땡이과

무늬점물땡땡이 386, 424

애물땡땡이 386, 424

풍뎅이붙이과

풍뎅이붙이 89

송장벌레과

넉점박이송장벌레 86

꼬마검정송장벌레 86

큰수중다리송장벌레 86, 422

수중다리송장벌레 86, 422

큰넓적송장벌레 87, 422

딱정벌레목

반날개과

좀송장벌레 87 / 네눈박이송장벌레 87 / 청딱지개미반날개 89

노랑털검정반날개 88 / 녹슬은반날개 88 / 호리좀반날개 425 / 극동좀반날개 89, 425

홍딱지반날개 88 / 칠흑왕눈이반날개 88 / 쌍무늬알뾰족반날개 89

알꽃벼룩과

사슴벌레과

알꽃벼룩 191 / 넓적사슴벌레 360, 416 / 왕사슴벌레 361, 416

참넓적사슴벌레 362, 416 / 애사슴벌레 362, 417 / 두점박이사슴벌레 363 / 톱사슴벌레 363, 416

딱정벌레목

금풍뎅이과

보라금풍뎅이 91

소똥구리과

왕소똥구리 90

뿔소똥구리 90

애기뿔소똥구리 90

모가슴소똥풍뎅이 90

똥풍뎅이과

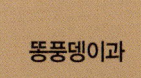
똥풍뎅이 91

검정풍뎅이과

참검정풍뎅이 92

큰검정풍뎅이 418

고려노랑풍뎅이 417

황갈색줄풍뎅이 92

긴다색풍뎅이 417

왕풍뎅이 417

주황긴다리풍뎅이 181

줄우단풍뎅이 181

애우단풍뎅이 92

빨간색우단풍뎅이 92

17

딱정벌레목

| 장수풍뎅이과 | 풍뎅이과 |

장수풍뎅이 364, 419

외뿔장수풍뎅이 365

풍뎅이 179

별줄풍뎅이 179, 418

카멜레온줄풍뎅이 180

홈줄풍뎅이 179

등노랑풍뎅이 91, 180

참콩풍뎅이 178

콩풍뎅이 178

녹색콩풍뎅이 178

주둥무늬차색풍뎅이 177, 418

등얼룩풍뎅이 177, 418

연노랑풍뎅이 177

어깨무늬풍뎅이 179

꽃무지과

사슴풍뎅이 366

흰점박이꽃무지 365

풀색꽃무지 180, 318

딱정벌레목

검정꽃무지 319 호랑꽃무지 180, 319 넓적꽃무지 181, 319 홀쭉꽃무지 93

알락풍뎅이 93 **비단벌레과** 비단벌레 370 노랑무늬비단벌레 370

황녹색호리비단벌레 185 흰점호리비단벌레 185 버드나무좀비단벌레 185 얼룩무늬좀비단벌레 185

꼬마넓적비단벌레 320 **방아벌레과** 대유동방아벌레 182, 423 녹슬은방아벌레 96, 182, 423

꼬마방아벌레 182 크라아츠방아벌레 183 관모긴몸방아벌레 183 청동방아벌레 96, 183

딱정벌레목

검정테광방아벌레 184
진홍색방아벌레 96, 184, 371
검정빗살방아벌레 183
왕빗살방아벌레 184, 423

홍반디과
살짝수염홍반디 187
고려홍반디 187
별홍반디 187

반딧불이과
늦반딧불이 426
애반딧불이 426
운문산반딧불이 426

병대벌레과
노랑줄어리병대벌레 186
회황색병대벌레 186
서울병대벌레 186

등점목가는병대벌레 186
연노랑목가는병대벌레 187

수시렁이과
애알락수시렁이 321

딱정벌레목

| 빗살수염벌레과 |  권연벌레 371 | 표본벌레과 |  길쭉표본벌레 371 |

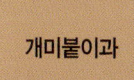
개미붙이과

 개미붙이 188

집개미붙이 371

 긴개미붙이 188

의병벌레과

 노랑무늬의병벌레 188

 탐라의병벌레 188

밑빠진벌레과

 호리납작밑빠진벌레 321

 갈색무늬납작밑빠진벌레 425

 네무늬밑빠진벌레 191

 네눈박이밑빠진벌레 371

나무쑤시기과

 고려나무쑤시기 370

방아벌레붙이과

 붉은가슴방아벌레붙이 189

21

딱정벌레목

석점박이방아벌레붙이 189

버섯벌레과

털보왕버섯벌레 368, 425

쌍점둥근버섯벌레 368

무당벌레붙이과

무당벌레붙이 95, 189, 425

무당벌레과

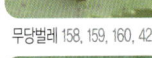
무당벌레 158, 159, 160, 425

칠성무당벌레 161

십일점박이무당벌레 164

남생이무당벌레 162

꼬마남생이무당벌레 163

달무리무당벌레 95, 164

네점가슴무당벌레 164

유럽무당벌레 164

노랑무당벌레 164

십구점무당벌레 164

열석점긴다리무당벌레 165

큰이십팔점박이무당벌레 165

곱추무당벌레 165

딱정벌레목

애홍점박이무당벌레 95, 166

홍점박이무당벌레 166

애곱추무당벌레 166

홍테무당벌레 166

긴썩덩벌레과

꼬마긴썩덩벌레 371

꽃벼룩과

꽃벼룩 321

밤갈색꽃벼룩 321

목대장과

목대장 319

하늘소붙이과

시베르스하늘소붙이 190, 320

밑검은하늘소붙이 320

녹색하늘소붙이 190, 320

청색하늘소붙이 423

홍날개과

홍날개 190

황머리털홍날개 190

가뢰과

23

딱정벌레목

잎벌레붙이과

황가뢰 189, 426
큰남색잎벌레붙이 191
털보잎벌레붙이 191

거저리과

중국잎벌레붙이 191
산맴돌이거저리 94, 367
보라거저리 94, 367

호리병거저리 366
우묵거저리 95, 366
작은모래거저리 95
강변거저리 93

하늘소과

구슬무당거저리 93
금강산거저리 368
제주거저리 95

하늘소 354, 420
벚나무사향하늘소 356
참풀색하늘소 357, 420
애청삼나무하늘소 354

딱정벌레목

통사과하늘소 156	원통하늘소 153	장수하늘소 355	버들하늘소 355, 419
톱하늘소 420	검정하늘소 419	작은넓적하늘소 354	소나무하늘소 357
작은청동하늘소 153	산각시하늘소 317	넉점각시하늘소 153	붉은산꽃하늘소 156, 316
긴알락꽃하늘소 156, 316	꽃하늘소 155, 316	열두점박이꽃하늘소 317	알통다리꽃하늘소 317

잎벌레과

버들잎벌레 142	사시나무잎벌레 143	쑥잎벌레 143

딱정벌레목

곰보날개긴가슴잎벌레 139 / 등빨간긴가슴잎벌레 139 / 배노랑긴가슴잎벌레 138 / 적갈색긴가슴잎벌레 138

점박이큰벼잎벌레 138 / 주홍배큰벼잎벌레 138 / 홍줄큰벼잎벌레 138 / 등빨간남색잎벌레 138

열점박이잎벌레 139 / 중국청람색잎벌레 140 / 고구마잎벌레 140 / 금록색잎벌레 141

포도꼽추잎벌레 140 / 밤나무잎벌레 139 / 소요산잎벌레 139 / 콜체잎벌레 139

왕벼룩잎벌레 148 / 벼룩잎벌레 148 / 딸기벼룩잎벌레 148 / 바늘꽃벼룩잎벌레 148

딱정벌레목

검정배줄벼룩잎벌레 148	황갈색잎벌레 148	점날개잎벌레 147, 320	단색둥글잎벌레 147
쌍무늬혹가슴잎벌레 147	노랑테가시잎벌레 149	큰노랑테가시잎벌레 149	사각노랑테가시잎벌레 149
큰남생이잎벌레 151	루이스큰남생이잎벌레 151	모시금자라남생이잎벌레 150	남생이잎벌레 150
청남생이잎벌레 150	줄남생이잎벌레 149	애남생이잎벌레 150	곱추남생이잎벌레 151
콩바구미과	팥바구미 176	주둥이거위벌레과	도토리거위벌레 171, 423

29

딱정벌레목

복숭아거위벌레 171 포도거위벌레 170 단풍뿔거위벌레 171 **거위벌레과**

왕거위벌레 167 거위벌레 169 개암거위벌레 168 분홍거위벌레 169

북방거위벌레 170 노랑배거위벌레 169 등빨간거위벌레 168 느릅나무혹거위벌레 170

어깨넓은거위벌레 170 앞다리톱거위벌레 170 **창주둥이바구미과** 엉겅퀴창주둥이바구미 176

왕바구미과 왕바구미 369 **소바구미과** 소바구미 176, 368

딱정벌레목 | 나비목

나비목

흰머리잎말이나방 210

꼬마홀쭉잎말이나방 210

네줄애기잎말이나방 210

찔레애기잎말이나방 461

주머니나방과

남방차주머니나방 207

유리주머니나방 207

그림날개나방과

창포그림날개나방 213

유리나방과

복숭아유리나방 207

애기유리나방 207

감꼭지나방과

붉은꼬마꼭지나방 206

애기비단나방과

두점애기비단나방 208, 334

풀명나방과

큰칠점박이포충나방 446

이화명나방 447

흰띠명나방 212, 449

33

나비목

포도들명나방 448　복숭아명나방 447　목화바둑명나방 449　목화명나방 447

흑명나방 449　조명나방 450　분홍무늬들명나방 212　말굽무늬들명나방 448

몸노랑들명나방 448　구름무늬들명나방 448　연보라들명나방 212, 447　등심무늬들명나방 213

각시뾰족들명나방 448　큰노랑들명나방 448　**명나방과**　노랑눈비단명나방 450

굵은띠비단명나방 451　큰홍색뾰족명나방 451　노랑꼬리뾰족명나방 451　날개뾰족명나방 451

나비목

줄보라집명나방 450

흰날개큰집명나방 450

앞붉은명나방 451

화랑곡나방 212, 451

창나방과

창나방 461

상수리창나방 209

깜둥이창나방 209, 334

털날개나방과

포도애털날개나방 209

알락나방과

여덟무늬알락나방 208

굴뚝알락나방 208

사과알락나방 208

뒤흰띠알락나방 463

쐐기나방과

노랑쐐기나방 459

뒷검은푸른쐐기나방 458

흰점쐐기나방 458

참쐐기나방 460

35

나비목

새극동쐐기나방 458　극동쐐기나방 459　**갈고리나방과**　참나무갈고리나방 217, 446

황줄점갈고리나방 217, 446　밤색갈고리나방 446　**왕갈고리나방과**　왕갈고리나방 218

뾰족날개나방과　애기담홍뾰족날개나방 463　**자나방과**　별박이자나방 213, 443

톱날푸른자나방 441　흰줄푸른자나방 441　붉은줄푸른자나방 441　붉은다리푸른자나방 214

큰무늬박이푸른자나방 441　붉은날개애기자나방 215　홍띠애기자나방 214　넓은홍띠애기자나방 215

나비목

점줄흰애기자나방 442 | 앞노랑애기자나방 214 | 줄노랑흰애기자나방 442 | 배노랑물결자나방 214, 442
흰애기물결자나방 215 | 네눈은빛애기자나방 213, 442 | 각시얼룩가지나방 216 | 네무늬가지나방 445
먹세줄흰가지나방 217 | 알락흰가지나방 444 | 큰알락흰가지나방 444 | 뒷노랑점가지나방 216
구름무늬가지나방 445 | 세줄날개가지나방 445 | 뿔무늬큰가지나방 217, 444 | 날개물결가지나방 216, 445
불회색가지나방 443 | 노랑띠알락가지나방 216, 443 | 소뿔가지나방 444 | 우수리가지나방 215

나비목

쌍꼬리나방과

흑점쌍꼬리나방 209

뿔나비나방과

뿔나비나방 334

누에나방과

누에나방 222

멧누에나방 463

산누에나방과

옥색긴꼬리산누에나방 462

참나무산누에나방 462

박각시과

녹색박각시 452

분홍등줄박각시 452

등줄박각시 455

물결박각시 452

닥나무박각시 452

콩박각시 455

벚나무박각시 453

아시아갈고리박각시 454

점갈고리박각시 454

나비목

| 머루박각시 453 | 우단박각시 453 | 주홍박각시 223 | 줄박각시 223 |

| 벌꼬리박각시 333 | 작은검은꼬리박각시 333 | 재주나방과 | 꽃술재주나방 456 |

| 검은띠나무결재주나방 456 | 곱추재주나방 457 | 주름재주나방 458 | 은무늬재주나방 457 |

| 먹무늬재주나방 457 | 참나무재주나방 457 | 배얼룩재주나방 456 | 독나방과 |

| 콩독나방 439 | 흰독나방 439 | 엘무늬독나방 439 | 점흰독나방 438 |

39

나비목

나비목

밤나방과

 쌍복판눈수염나방 433
 검은띠수염나방 433
 흰점멧수염나방 433

 노랑무늬수염나방 433
 넓은띠담흑수염나방 432
세줄무늬수염나방 221
 뒷노랑수염나방 432

꼬마노랑뒷날개나방 220, 428
 붉은뒷날개나방 428
흰무늬박이뒷날개나방 220
 구름무늬밤나방 221

무궁화밤나방 429
 큰갈색띠밤나방 428
 톱니태극나방 427
 흰줄태극나방 427

 붉은띠짤름나방 434
 붉은금무늬밤나방 431
 콩은무늬밤나방 335
 벼금무늬밤나방 431

41

나비목

긴수염비행기밤나방 434 / 흰무늬껍질밤나방 430 / 쌍줄푸른밤나방 431 / 큰쌍줄푸른밤나방 431

붉은무늬갈색밤나방 432 / 산저녁나방 432 / 애기얼룩나방 221 / 흰눈까마귀밤나방 429

제주꼬마밤나방 430 / 얼룩어린밤나방 430 / 꼬마봉인밤나방 430 / 멸강나방 335

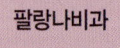   

팔랑나비과 / 멧팔랑나비 105, 202, 332 / 왕자팔랑나비 105, 200 / 줄점팔랑나비 201, 332

산줄점팔랑나비 332 / 줄꼬마팔랑나비 201, 332 / 황알락팔랑나비 201 / **호랑나비과**

나비목

호랑나비 322, 323 제비나비 204, 325 산제비나비 205 긴꼬리제비나비 205, 325

모시나비 104, 203, 324 애호랑나비 203, 324 꼬리명주나비 324 **흰나비과**

배추흰나비 199, 330 대만흰나비 105, 330 큰줄흰나비 105, 199, 329 갈구리나비 329

노랑나비 200, 329 남방노랑나비 200, 329 기생나비 198 **부전나비과**

부전나비 331 암먹부전나비 197, 331 남방부전나비 198 먹부전나비 104

나비목

푸른부전나비 104, 330
작은주홍부전나비 104, 197, 331
큰주홍부전나비 331
범부전나비 104, 330

귤빛부전나비 196
시가도귤빛부전나비 196
담색긴꼬리부전나비 198
물빛긴꼬리부전나비 198

넓은띠녹색부전나비 103
산녹색부전나비 103, 196
검정녹색부전나비 196
쇳빛부전나비 104

네발나비과

네발나비 97, 193
청띠신선나비 98
거꾸로여덟팔나비 99, 326

작은멋쟁이나비 326
큰멋쟁이나비 99, 193
흰줄표범나비 327
큰흰줄표범나비 99, 327

나비목

노린재목

| 노린재목 | 장구애비과 | 장구애비 388 | 메추리장구애비 388 |

게아재비 389

물장군과

물장군 387

물자라 387

큰물자라 388

물벌레과

방물벌레 391

진방물벌레 391, 465

송장헤엄치게과

송장헤엄치게 389

소금쟁이과

소금쟁이 391, 464

애소금쟁이 390

등빨간소금쟁이 390

광대소금쟁이 391

쐐기노린재과

46

노린재목

알락무늬장님노린재 256

새꼭지무늬장님노린재 255

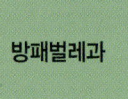
방패벌레과

배나무방패벌레 249

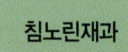
침노린재과

다리무늬침노린재 112, 257

배홍무늬침노린재 257

껍적침노린재 112, 258

왕침노린재 111, 258

민날개침노린재 259

검정무늬침노린재 258

붉은등침노린재 111, 257

큰장다리막대침노린재 256

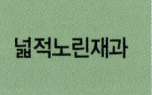
넓적노린재과

검정넓적노린재 245

산넓적노린재 245

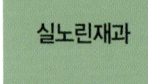
실노린재과

실노린재 251

대성산실노린재 336

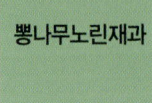
뽕나무노린재과

노린재목

게눈노린재 249

긴노린재과

십자무늬긴노린재 242, 337

둘레빨간긴노린재 243

더듬이긴노린재 243

어리흰무늬긴노린재 107, 243

흑다리긴노린재 244

표주박긴노린재 244

미디표주박긴노린재 244

갈색무늬긴노린재 245

애긴노린재 244

닮은애긴노린재 337

큰딱부리긴노린재 244, 337

어리민반날개긴노린재 244

별노린재과

별노린재 107

허리노린재과

우리가시허리노린재 237

시골가시허리노린재 237

넓적배허리노린재 239

49

노린재목

 두점배허리노린재 240
 노랑배허리노린재 108, 240
 떼허리노린재 108, 239
 애허리노린재 240

 꽈리허리노린재 240
 큰허리노린재 238
 장수허리노린재 236
호리허리노린재과

 톱다리개미허리노린재 241
잡초노린재과
 붉은잡초노린재 245, 337
 삿포로잡초노린재 245, 337

 점흑다리잡초노린재 245
참나무노린재과
 참나무노린재 107, 248
 작은주걱참나무노린재 107, 248

 뒷창참나무노린재 247
 두쌍무늬노린재 247
알노린재과
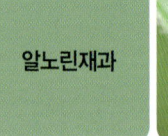 희미무늬알노린재 249, 336

노린재목

알노린재 249   동쪽알노린재 249   무당알노린재 249   뿔노린재과

에사키뿔노린재 108, 250   등빨간뿔노린재 250   긴가위뿔노린재 250   넓은남방뿔노린재 250

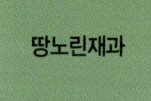   

땅노린재과   땅노린재 106   장수땅노린재 106   참점땅노린재 106

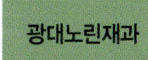   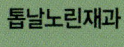

광대노린재과   광대노린재 246   도토리노린재 108, 247   톱날노린재과

 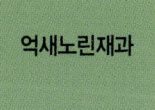 

톱날노린재 106, 251   억새노린재과   억새노린재 236

51

노린재목

노린재과

주둥이노린재 110, 236
홍다리주둥이노린재 234
왕주둥이노린재 111, 235

우리갈색주둥이노린재 111, 234
갈색주둥이노린재 234
남색주둥이노린재 110, 235
썩덩나무노린재 109, 225, 335, 464

알락수염노린재 224, 335
풀색노린재 109, 226
북방풀노린재 227
갈색날개노린재 110, 231, 464

가시노린재 228, 336
메추리노린재 231
북쪽비단노린재 230
홍비단노린재 230

깜보라노린재 228, 336
무시바노린재 110, 229
스코트노린재 229
느티나무노린재 234

노린재목

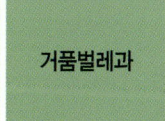

네점박이노린재 109, 232	나비노린재 229	애기노린재 229	다리무늬두흰점노린재 232
제주노린재 232	얼룩대장노린재 109, 232, 464	둥글노린재 233	가시점둥글노린재 233
배둥글노린재 233	점박이둥글노린재 233	먹노린재 233	갈색큰먹노린재 233

쥐머리거품벌레과 — 쥐머리거품벌레 264

거품벌레과 — 흰띠거품벌레 263

갈잎거품벌레 263 · 솔거품벌레 264 · 설악거품벌레 264 · 광대거품벌레 264

53

노린재목

뿔매미과

뿔매미 267 | 외뿔매미 267 | 띠딴뿔매미 267

매미충과

끝검은말매미충 260, 376 | 말매미충 260 | 지리산말매미충 260

둥근머리각시매미충 261 | 앞흰넓적매미충 260 | 알락넓적매미충 261 | 귀매미 377, 465

우리귀매미 261 | 만주귀매미 262 | 금강산귀매미 261, 376

큰날개매미충과

부채날개매미충 262 | 신부날개매미충 262, 465 | 일본날개매미충 263 | 남쪽날개매미충 263, 465

54

노린재목

| 긴날개멸구과 | 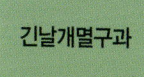 |  |  |

주홍긴날개멸구 265   동해긴날개멸구 265, 465   끝빨간긴날개멸구 265

| 꽃매미과 |  |  | 상투벌레과 |

꽃매미 375, 466   희조꽃매미 376, 466

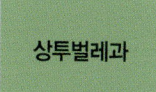  장삼벌레과

상투벌레 266   깃동상투벌레 266   네줄박이장삼벌레 266

| 멸구과 |  | 매미과 |  |

풀멸구 265   참매미 372

말매미 372   유지매미 373   애매미 373, 466   털매미 374

55

노린재목 | 파리목

- 늦털매미 374, 466
- 나무이과
- 뽕나무이 266
- 진딧물과
- 엉겅퀴수염진딧물 267
- 사사키잎혹진딧물 267
- 모련채수염진딧물 267
- 도롱이깍지벌레과
- 도롱이깍지벌레 377
- 밀깍지벌레과
- 거북밀깍지벌레 377
- 파리목
- 각다귀과
- 줄각다귀 281
- 황각다귀 281
- 큰황나각다귀 282
- 검정날개각다귀 282
- 장수각다귀 282
- 나방파리과
- 나방파리 273

파리목

| 모기과 |  흰줄숲모기 280, 467 | 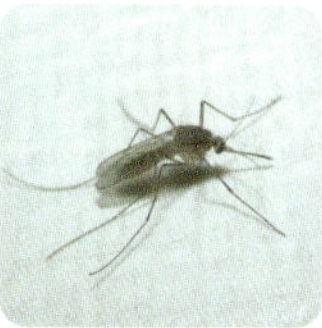 빨간집모기 281 | 깔따구과 |

장수깔따구 280 | 털파리과 | 검털파리 114 | 혹파리과

쑥혹파리 282 | 등에과 | 소등에 278  | 갈로이스등에 115, 467

황등에붙이 278 | 동애등에과 | 동애등에 277  | 꼬마동애등에 277

방울동애등에 277

아메리카동애등에 277

점밑들이파리매과

얼룩점밑들이파리매 280

파리목

파리매과

파리매 279

왕파리매 279

검정파리매 115, 279

광대파리매 280

홍다리파리매 279

재니등에과

빌로오도재니등에 115, 343

좀털보재니등에 343

스즈키나나니등에 342

장다리파리과

장다리파리 278

얼룩장다리파리 278

머리파리과

동해참머리파리 276

꽃등에과

꽃등에 339

배짧은꽃등에 274, 338

덩굴꽃등에 339

눈루리꽃등에 274, 340

파리목

 수중다리꽃등에 274, 338
 왕꽃등에 339
 알락허리꽃등에 340
 알통다리꽃등에 340

 배세줄꽃등에 274, 341
 장수말벌집대모꽃등에 341
 어리대모꽃등에 114
 호리꽃등에 341

 쟈바꽃등에 341
 꼬마꽃등에 275, 342
 별넓적꽃등에 275
 물결넓적꽃등에 114, 275, 342

 검정넓적꽃등에 275
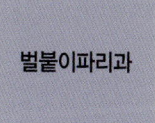 **벌붙이파리과**
 벌붙이파리 276
 조잔벌붙이파리 276, 344

 왕벌붙이파리 276
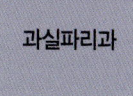 **과실파리과**
국화과실파리 272
 산알락좀과실파리 272

59

파리목

닮은줄과실파리 272

알락파리과

날개알락파리 271

민무늬콩알락파리 272

배무늬콩알락파리 272

끝검정콩알락파리 272

들파리과

뿔들파리 114, 273, 467

큰닐개피리괴

검정큰날개파리 273

초파리과

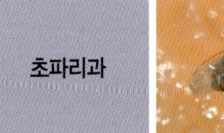
노랑초파리 273

똥파리과

똥파리 269

꽃파리과

검정띠꽃파리 273

검정파리과

금파리 113, 268

연두금파리 113, 268

푸른등금파리 268

파리목 | 벌목

큰검정파리 113, 268 | 검정뺨금파리 269 | 점박이꽃검정파리 269, 343 | 초록파리 269, 343

쉬파리과  **집파리과**

검정볼기쉬파리 113, 271 | 집파리 273

기생파리과

노랑털기생파리 270, 344 | 뒷박털기생파리 270 | 검정수염기생파리 271

북해도기생파리 271 | 표주박기생파리 271 | 똥보기생파리 270, 344 | 중국별똥보기생파리 270, 344

벌목 **등에잎벌과**

장미등에잎벌 284 | 극동등에잎벌 284

61

벌목

수중다리잎벌과

구리수중다리잎벌 283

잎벌과

검정날개잎벌 283

왜무잎벌 283

황호리병잎벌 283

테수염검정잎벌 283

갈고리벌과

등빨간갈고리벌 287

혹벌과

참나무잎혹벌 287

참나무순혹벌 287

어리상수리혹벌 287

밤나무혹벌 287

맵시벌과

단색자루맵시벌 286

왜가시뭉툭맵시벌 120, 286

어리곤봉자루맵시벌 286

흰줄박이맵시벌 286

나방살이맵시벌 287

벌목

| 개미벌과 | 구주개미벌 117 | 배벌과 | 배벌 351 |

긴배벌 351 | 개미과 | 일본왕개미 118 | 곰개미 117

한국홍가슴개미 119 | 가시개미 118, 380 | 검정꼬리치레개미 118, 380 | 대모벌과

대모벌 284, 350 | 별대모벌 119 | 왕무늬대모벌 119 | 홍허리대모벌 119

말벌과 | 말벌 379, 467 | 장수말벌 378 | 털보말벌 285, 378

벌목

좀말벌 379 | 참땅벌 116, 285 | 뱀허물쌍살벌 116, 285, 467 | 큰뱀허물쌍살벌 116

왕바다리 116, 379 | 어리별쌍살벌 285 | 별쌍살벌 350 | 호리병벌 117, 349

민호리병벌 284, 349 | 점호리병벌 349 | 줄무늬감탕벌 284, 350 | 한국꼬마감탕벌 350

구멍벌과 | 홍다리조롱박벌 120 | 식크맨나나니 120 | 노랑점나나니 120

가위벌과 | 장미가위벌 348 | 극동가위벌 348 | **꼬마꽃벌과**

벌목 | 메뚜기목

어리흰줄애꽃벌 348

흰줄꼬마꽃벌 347

구리꼬마꽃벌 348

홍배꼬마꽃벌 347

털보애꽃벌과

털보애꽃벌 347

꿀벌과

루리알락꽃벌 347

양봉꿀벌 117, 284, 345

재래꿀벌 345

수염줄벌 345

일본애수염줄벌 345

호박벌 346

어리호박벌 346

메뚜기목 **꼽등이과**

꼽등이 125

알락꼽등이 125

장수꼽등이 125

검정꼽등이 125

65

메뚜기목

여치과

애여치 126
잔날개여치 127, 301
갈색여치 126, 300
여치 299
좀날개여치 299
긴날개중베짱이 301
베짱이 301
검은다리실베짱이 128, 303, 468
실베짱이 303
줄베짱이 302
큰실베짱이 304
날베짱이 304
쌕쌔기 307
긴꼬리쌕쌔기 127, 306
점박이쌕쌔기 307
매부리 305

귀뚜라미과

왕귀뚜라미 128, 307, 468
알락귀뚜라미 129

메뚜기목 | 잠자리목

두꺼비메뚜기 122, 292
발톱메뚜기 123
팥중이 121, 289
콩중이 122, 290
방아깨비 123, 294, 295
딱따기 294
섬서구메뚜기과
섬서구메뚜기 124, 296
모메뚜기과
모메뚜기 124, 297
가시모메뚜기 298
꼬마모메뚜기 124, 298
장삼모메뚜기 298
좁쌀메뚜기과
좁쌀메뚜기 124, 298, 468
잠자리목
물잠자리과
물잠자리 394
검은물잠자리 394
실잠자리과

잠자리목

 참실잠자리 392
 등검은실잠자리 393
 아시아실잠자리 392
 노란실잠자리 392

청실잠자리과
 묵은실잠자리 393
 가는실잠자리 393
방울실잠자리과

 방울실잠자리 393
왕잠자리과
 왕잠자리 405
측범잠자리과

 쇠측범잠자리 404
 자루측범잠자리 405
장수잠자리과
 장수잠자리 405

잠자리과
 고추잠자리 397
 고추좀잠자리 395
 여름좀잠자리 398

69

잠자리목 | 풀잠자리목

 날개띠좀잠자리 396
 두점박이좀잠자리 398
 애기좀잠자리 398
 깃동잠자리 399

 밀잠자리 401
 큰밀잠자리 402
 배치레잠자리 403
 대모잠자리 402

 된장잠자리 400
 노란허리잠자리 400
 나비잠자리 468
 풀잠자리목

뱀잠자리과
 대륙뱀잠자리 406, 469
좀뱀잠자리과
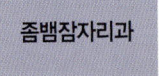 시베리아좀뱀잠자리 406

보날개풀잠자리과
 보날개풀잠자리 310
 좀보날개풀잠자리 310
풀잠자리과

70

풀잠자리목 | 약대벌레목 | 밑들이목 | 날도래목

칠성풀잠자리 309, 469

사마귀붙이과

애사마귀붙이 130, 310

명주잠자리과

명주잠자리 308, 469

뿔잠자리과

뿔잠자리 469

노랑뿔잠자리 310

약대벌레목

약대벌레과

밑들이목

약대벌레 130

밑들이과

날도래목

밑들이 131, 406

참밑들이 407

줄날도래과

날도래과

주름물날도래 407

굴뚝날도래 407

71

날도래목 | 하루살이목 | 강도래목

우묵날도래과
우리큰우묵날도래 407

바수염날도래과
바수염날도래 408

하루살이목

강하루살이과
금빛하루살이 408

하루살이과

가는무늬하루살이 408

무늬하루살이 409

동양하루살이 409

납작하루살이과

봄처녀하루살이 411

참납작하루살이 410

햇님하루살이 410

강도래목

강도래과

진강도래 412

한국강도래 412

무늬강도래 413

강도래목 | 바퀴목

녹색강도래과	 녹색강도래 411	민강도래과	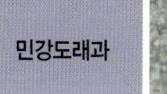 집게강도래 411
꼬마강도래과 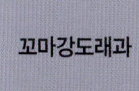	 꼬마강도래 411	큰그물강도래과	 한국큰그물강도래 413
바퀴목	바퀴과	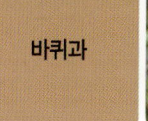 바퀴 131	 산바퀴 131, 313
왕바퀴과 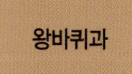	 먹바퀴 133	사마귀과	 사마귀 312
 왕사마귀 132, 311	 좀사마귀 132, 312	흰개미과	 흰개미 380

73

집게벌레목 | 대벌레목 | 좀목 | 돌좀목

집게벌레목	집게벌레과		
		고마로브집게벌레 134, 313	좀집게벌레 135, 313
큰집게벌레과		민집게벌레과	
	큰집게벌레 133		끝마디통통집게벌레 133
내벌레목	대벌레과		
		대벌레 381	
좀목	좀과		
		좀 135	
돌좀목	돌좀과		
		납작돌좀 135	

장수풍뎅이

검정명주딱정벌레

땅에서 만나는 곤충

딱정벌레목	78
나비목	97
노린재목	106
파리목	113
벌목	116
메뚜기목	121
풀잠자리목	130
약대벌레목	130
밑들이목	131
바퀴목	131
집게벌레목	133
좀목	135
돌좀목	135

땅에서 만나는 곤충 〉 딱정벌레목

딱정벌레목 〉 딱정벌레과

길앞잡이 🔹18~21mm, 🕒4~9월(봄), 🐛소형 곤충. 거미류. 몸 빛깔이 알록달록하고 산길을 안내하듯 등산객 앞으로 날아다닌다.

딱정벌레과

아이누길앞잡이 🔹16~21mm, 🕒4~6월(봄), 🐛소형 곤충. 산길에 앉아 있으면 몸 빛깔이 땅과 비슷하여 눈에 잘 띄지 않는다.

딱정벌레과

꼬마길앞잡이 🔹8~11mm, 🕒6~9월(여름), 🐛소형 곤충. 크기가 작아서 '꼬마길앞잡이'라고 불리며 밤에 불빛에도 잘 날아온다.

딱정벌레과

무녀길앞잡이 🔹11~15mm, 🕒6~9월(여름), 🐛소형 곤충. 서해안의 염전 지대나 바닷가, 섬에서 꼬마길앞잡이와 함께 발견된다.

땅에서 만나는 곤충 > 딱정벌레목

성충　　　　　　　　　　　　　　　유충

딱정벌레과

홍단딱정벌레
📏 25~45mm, 📅 4~10월(여름), 🍴 지렁이, 곤충 사체. 몸은 구릿빛 광택이 나며 땅을 빠르게 기어 다니며 사냥한다. 유충도 성충처럼 빠르게 기어 다니며 잡아먹는다.

딱정벌레과

멋쟁이딱정벌레 📏 28~40mm, 📅 4~10월(여름), 🍴 지렁이, 곤충 사체. 뒷날개가 퇴화되어 날지 못하지만 빠른 발로 먹잇감을 사냥한다.

딱정벌레과

검정명주딱정벌레 📏 22~31mm, 📅 4~7월(봄), 🍴 나비류 유충, 나뭇진. 뒷날개가 있는 명주딱정벌레류는 날아다니며 먹잇감을 사냥한다.

79

땅에서 만나는 곤충 〉딱정벌레목

딱정벌레과

풀색명주딱정벌레 🗡17~25mm. 🕘4~9월(봄). 🍴나비류 유충, 나뭇진, 땅과 나뭇가지 사이를 매우 빠르게 기어 다니며 먹이 사냥을 한다.

딱정벌레과

폭탄먼지벌레 🗡11~18mm. 🕘5~9월(여름). 🍴소형 곤충, 사체. 위험한 적을 만나면 꽁무니에서 100℃가 넘는 폭탄 방귀를 뀐다.

딱정벌레과

긴조롱박먼지벌레 🗡15~19.5mm. 🕘5~10월(여름). 🍴소형 곤충. 몸이 기다란 조롱박 모양이며 해안과 하천 등의 모래밭에 산다.

딱정벌레과

줄먼지벌레 🗡22~23mm. 🕘5~8월(여름). 🍴소형 곤충(성충). 딱지날개에 세로로 된 줄무늬가 선명하게 있어 이름이 지어졌다.

땅에서 만나는 곤충 > 딱정벌레목

미륵무늬먼지벌레 ⌀ 11.2~13.5㎜. 🕐 5~11월(여름). 🐛 소형 곤충(성충). 낮에 산지 주변의 풀밭을 빠르게 기어 다니는 모습을 볼 수 있다.

끝무늬녹색먼지벌레 ⌀ 15~17.5㎜. 🕐 5~8월(여름). 🐛 소형 곤충(성충). 딱지날개 끝에 1쌍의 황색 점무늬가 서로 연결되어 있다.

왕쌍무늬먼지벌레 ⌀ 12.5~14㎜. 🕐 5~8월(여름). 🐛 소형 곤충(성충). 몸은 적갈색이고 머리와 앞가슴등판은 붉은색 광택이 난다.

노랑무늬먼지벌레 ⌀ 12~13㎜. 🕐 5~8월(여름). 🐛 소형 곤충(성충). 날개에 1쌍의 둥근 황색 점무늬가 있으며 밤에 활동한다.

땅에서 만나는 곤충 > 딱정벌레목

어리노랑테무늬먼지벌레 📏 13~14mm, 🕐 5・10월(여름) 🍴 소형 곤충(성충). 딱지날개 가장자리를 따라 얇은 황색 테두리가 있다.

쌍무늬먼지벌레 📏 14~14.5mm, 🕐 4~9월(여름), 🍴 소형 곤충(성충). 딱지날개에 2개의 황색 점무늬가 있고 하천이나 개울 주변에서 쉽게 볼 수 있다.

큰둥글먼지벌레 📏 17.5~21mm, 🕐 4~9월(여름), 🍴 잡식성. 몸은 검은색이고 광택이 나며 딱지날개에 세로줄무늬가 뚜렷하다.

우수리둥글먼지벌레 📏 7.5~8mm, 🕐 4~8월(봄), 🍴 잡식성. 몸은 타원형이고 들판이나 하천 주변을 빠르게 기어 다닌다.

땅에서 만나는 곤충 > 딱정벌레목

딱정벌레과

딱정벌레과

윤납작먼지벌레 ⌀15~17mm, ⏱4~10월(여름), 🍴소형 곤충(성충). 몸은 검은색이고 납작하며 반질반질한 광택이 있다.

등빨간먼지벌레 ⌀15.5~20mm, ⏱5~10월(여름), 🍴잡식성. 딱지날개에 타원형의 붉은색 무늬가 퍼져 있다.

딱정벌레과

딱정벌레과

검정칠납작먼지벌레 ⌀10~13mm, ⏱5~10월(여름), 🍴소형 곤충(성충). 몸이 납작하고 밤에 가로등과 주유소 불빛에 잘 모여든다.

큰줄납작먼지벌레 ⌀8.5~10.5mm, ⏱4~10월(봄), 🍴잡식성. 계곡 주변의 습기가 많은 곳에 살며 땅속과 낙엽 밑에서 월동한다.

땅에서 만나는 곤충 〉 딱정벌레목

딱정벌레과

등줄먼지벌레 🔖 6~9mm. ⏱ 3~8월(봄). 머리는 검은색, 앞가슴등판은 황색이고 딱지날개 중앙에 굵은 검은색 줄무늬가 있다.

딱정벌레과

볕강변먼지벌레 🔖 4~5mm. ⏱ 4~9월(봄). 딱지날개 끝 부분에 2개의 황색 점무늬가 있고 하천 주변의 땅 위를 기어 다닌다.

딱정벌레과

줄딱부리강변먼지벌레 🔖 4mm 내외. ⏱ 4~11월(봄). 몸은 적갈색이며 눈이 불룩 튀어나왔다. 강변 모래밭과 자갈밭에서 활동한다.

딱정벌레과

엷은먼지벌레 🔖 5~5.5mm. ⏱ 3~10월(여름). 🍴 잡식성. 몸은 연갈색을 띠고 머리는 검은색이다. 딱지날개 봉합선 부위가 검다.

딱정벌레과

일본해변먼지벌레 🔖 6.5mm 내외. ⏱ 6~8월(여름). 머리와 앞가슴등판은 검은색, 딱지날개는 흑갈색을 띠며 해변에서 볼 수 있다.

딱정벌레과

한라십자무늬먼지벌레 🔖 5.5~6.5mm. ⏱ 5~10월(여름). 🍴 잡식성. 몸은 황갈색이고 딱지날개 앞부분과 중앙에 검은색 무늬가 있다.

땅에서 만나는 곤충 〉 딱정벌레목

줄납작밑빠진먼지벌레 📏 9~10mm. 🕐 5~10월(봄). 🍴 소형 곤충(성충). 딱지날개 가장자리를 따라 둥글게 휘어진 녹색 띠가 있다.

꼬마좁쌀먼지벌레 📏 4.5~5.3mm. 🕐 3~9월(여름). 🍴 썩은 물질(성충). 몸이 좁쌀처럼 매우 작다고 해서 이름이 지어졌다.

참머리먼지벌레 📏 9.5~14.5mm. 🕐 6~9월(여름). 몸은 검은색이고 가슴에 비해 머리가 매우 커서 머리먼지벌레류에 속한다.

북방머리먼지벌레 📏 15.1~17.9mm. 🕐 7~8월(여름). 🍴 소형 곤충, 사체(성충). 몸은 검은색이고 딱지날개에 세로줄무늬가 있다.

큰가시머리먼지벌레 📏 12.5~14.5mm. 🕐 4~7월(봄). 🍴 소형 곤충, 사체(성충). 몸은 검은색이고 광택이 있으며 딱지날개는 볼록한 타원형이다. 햇볕 좋은 날에 땅 위를 빠르게 기어 다니는 모습을 볼 수 있다.

땅에서 만나는 곤충 〉 딱정벌레목

송장벌레과

넉점박이송장벌레 🔹13~21mm. 🔹6~9월(여름). 🔹동물 사체. 주황색 딱지날개에 검은색 점이 4개 있으며 동물의 사체를 파묻는다.

송장벌레과

꼬마검정송장벌레 🔹8~15mm. 🔹6~9월(여름). 🔹동물 사체. 몸에 반질반질한 검은색 광택이 흐르며 동물의 사체를 파묻는다.

송장벌레과

큰수중다리송장벌레 🔹15~28mm. 🔹6~8월(여름). 🔹구더기. 몸은 검은색이고 뒷다리가 매우 두꺼워서 이름이 지어졌다.

송장벌레피

수중다리송장벌레 🔹15~20mm. 🔹6~8월(여름). 🔹구더기. 몸은 적갈색이고 동물의 사체에 모인 곤충을 잡아먹는다.

네눈박이송장벌레 ⌀10~15㎜, ⏱5~7월(여름), 🍴나비류 유충(성충). 연갈색의 딱지날개에 4개의 검은색 점무늬가 있다.

좀송장벌레 ⌀14㎜ 내외, ⏱5~8월(여름), 🍴동물 사체, 썩은 물질. 몸은 검은색이고 동물의 사체와 쓰레기에 잘 모여든다.

성충   유충

큰넓적송장벌레
⌀17~23㎜, ⏱5~8월(여름), 🍴동물 사체, 배설물. 몸은 검은색이고 푸른색 광택이 나며 딱지날개가 넓고 편평하다. 성충과 유충 모두 동물의 사체와 배설물에 모여든다.

땅에서 만나는 곤충 > 딱정벌레목

반날개과

노랑털검정반날개 🔍 16~19mm. ⏱ 7~8월(여름). 🍴 동물 사체, 배설물(성충). 몸은 검은색이고 머리와 배에 황색 털이 있다.

반날개과

홍딱지반날개 🔍 18mm 내외. ⏱ 5~8월(여름). 🍴 동물 사체, 배설물(성충). 딱지날개가 붉은색을 띠고 있으며 딱지날개가 반쪽만 있다.

반날개과

녹슬은반날개 🔍 13~16mm. ⏱ 6~8월(여름). 🍴 동물 사체, 배설물(성충). 갈색의 몸에 청색 점무늬가 많아서 녹슨 것처럼 보인다.

반날개과

칠흑왕눈이반날개 🔍 11~12mm. ⏱ 5~8월(여름). 🍴 동물 사체, 배설물(성충). 몸은 검은색이고 낙엽이 많은 땅에서 생활한다.

땅에서 만나는 곤충 〉 **딱정벌레목**

반날개과

청딱지개미반날개 🔗 6.5~7mm, 🕐 1~12월(가을), 🍴 소형 절지동물(성충). 딱지날개가 청록색이며 여름에는 불빛에 잘 모여든다.

반날개과

극동좀반날개 🔗 6.2mm 내외, 🕐 5~8월(여름), 🍴 동물 사체, 배설물(성충). 딱지날개 속의 뒷날개를 펴서 날며 불빛에 잘 날아온다.

반날개과

쌍무늬알뾰족반날개 🔗 4~4.5mm, 🕐 6~8월(여름), 🍴 버섯류(성충). 머리가 작고 앞가슴 등판이 넓으며 배는 꼬리처럼 매우 얇다.

풍뎅이붙이과

풍뎅이붙이 🔗 10mm 내외, 🕐 5~8월(여름), 🍴 구더기, 동물 사체(성충). 몸이 둥글고 딱지날개에 세로줄무늬가 있으며 썩은 나무에 산다.

땅에서 만나는 곤충 〉 딱정벌레목

왕소똥구리 📏 20~33mm. 🕐 5~10월(여름). 🍴 동물 배설물(유충). 몸은 검은색이고 딱지날개가 편평하며 가축의 배설물을 굴린다.

뿔소똥구리 📏 20~28mm. 🕐 5~10월(여름). 🍴 동물 배설물(유충). 몸이 공처럼 둥글고 소의 말이 배설물을 모아 그 속에 알을 낳는다.

애기뿔소똥구리 📏 13~19mm. 🕐 4~10월(여름). 🍴 동물 배설물(유충). 수컷 머리에 뿔이 솟아 있고 딱지날개에 세로줄이 뚜렷하다.

모가슴소똥풍뎅이 📏 7~11mm. 🕐 3~10월(여름). 🍴 동물 배설물(유충). 앞가슴등판이 불룩 솟아 있고 소와 말 등의 배설물에 모인다.

똥풍뎅이과

기본형　　　　　　　　　　　　　　　　　　　　　　　이형

똥풍뎅이
🔹 4.5~7.2mm. 🔹 3~10월(여름). 🔹 동물 배설물(유충). 몸은 긴 원통형이고 갈색의 딱지날개에 1쌍의 검은색 점무늬가 있다. 몸 전체가 검은색을 띠는 이형도 있다.

금풍뎅이과

보라금풍뎅이 🔹 14~20mm. 🔹 6~9월(여름). 🔹 동물 배설물(유충). 몸은 보라색 광택을 띠며 동물의 배설물 속에 알을 낳는다.

풍뎅이과

등노랑풍뎅이 🔹 12~18mm. 🔹 5~10월(여름). 🔹 식물 뿌리(유충). 몸은 황색이고 축축한 땅을 기어 다니며 불빛에도 잘 날아온다.

땅에서 만나는 곤충 〉 딱정벌레목

검정풍뎅이과

참검정풍뎅이 🔹16~21mm. 🕒3~10월(여름). 🌱식물 뿌리(유충). 몸은 검은색이고 반질반질한 광택을 띠며 불빛에도 날아온다.

검정풍뎅이과

황갈색줄풍뎅이 🔹11.5~14mm. 🕒4~9월(여름). 🌱식물 뿌리(유충). 몸은 원통형이고 성충은 활엽수의 잎을 갉아 먹고 산다.

검정풍뎅이과

애우단풍뎅이 🔹7~8mm. 🕒3~10월(여름). 🌱식물 뿌리(유충). 몸은 동그란 알 모양이고 성충은 밤에 불빛에 잘 모여든다.

검정풍뎅이과

빨간색우단풍뎅이 🔹8~9.5mm. 🕒5~10월(여름). 🌱식물 뿌리(유충). 적갈색의 몸에 빽빽하게 난 털이 벨벳(우단)처럼 보인다.

땅에서 만나는 곤충 〉딱정벌레목

꽃무지과

홀쭉꽃무지 🗡15~17㎜. ⏱5~6월(여름). 몸은 검은색이고 납작하며 땅에서 먼지를 뒤집어쓰고 기어 다니는 모습이 자주 보인다.

꽃무지과

알락풍뎅이 🗡16~21㎜. ⏱6~9월(여름). 🍴식물 뿌리(유충). 딱지날개에 검은색 점무늬가 불규칙하게 있고 참나무 진을 먹는다.

거저리과

구슬무당거저리 🗡10㎜ 내외. ⏱5~9월(봄). 🍴버섯류, 균류(성충). 몸은 타원형이고 보라색 광택을 띠며 버섯과 참나무 진에 잘 모인다.

거저리과

강변거저리 🗡10~11㎜. ⏱4~8월(봄). 🍴썩은 나무(유충). 모래가 많은 강변이나 개울가 주변을 먼지벌레처럼 잘 기어 다닌다.

땅에서 만나는 곤충 > 딱정벌레목

거저리과

성충 유충

보라거저리
📏 14~16㎜, 📅 4~11월(봄), 🍽 썩은 나무 고사목(유충) 몸은 검은색이고 보라색 광택이 나며 유충으로 월동한다. 유충은 길쭉하며 큰턱으로 나무를 잘 씹어 먹는다.

거저리과

성충 유충

산맴돌이거저리
📏 15~18㎜, 📅 5~9월(여름), 🍽 썩은 나무(유충), 몸은 검은색이고 광택이 없으며 썩은 나무 주변에서 맴돌며 기어 다닌다. 길쭉한 갈색 유충은 나무를 갉아 먹으며 월동한다.

땅에서 만나는 곤충 〉딱정벌레목

거저리과

작은모래거저리 🗡9mm 내외. ⏲4~5월(봄). 🌿썩은 식물(유충). 올록볼록한 돌기가 딱지날개에 줄지어 나 있고 땅에서 잘 보인다.

거저리과

우묵거저리 🗡9~12.5mm. ⏲4~11월(봄). 🌿썩은 나무. 몸은 검은색 또는 적갈색이며 딱지날개에 세로줄무늬가 선명하다.

거저리과

제주거저리 🗡7~9mm. ⏲3~9월(봄). 🌿썩은 나무(유충). 몸은 검은색이고 남색 광택을 띠며 풀숲과 산길에서 잘 보인다.

무당벌레과

달무리무당벌레 🗡6.7~8.5mm. ⏲4~6월(봄). 🌿진딧물. 딱지날개는 황갈색이고 흰색 점무늬가 많으며 봄에 잘 보인다.

무당벌레과

애홍점박이무당벌레 🗡3.3~4.9mm. ⏲3~11월(봄). 🌿깍지벌레(유충). 딱지날개에 1쌍의 둥근 붉은색 점무늬가 있고 땅에서 잘 보인다.

무당벌레붙이과

무당벌레붙이 🗡4.7~5mm. ⏲3~10월(봄). 🌿버섯류, 썩은 나무(성충). 풀밭의 땅 위에서 어두운 구석으로 재빠르게 숨는다.

땅에서 만나는 곤충 > 딱정벌레목

진홍색방아벌레 🗡10~12mm. ⏱4~7월(봄). 🍴소형 곤충(유충). 딱지날개가 붉은빛을 띠고 있어서 땅 위에 앉아 있는 모습이 눈에 잘 띈다.

녹슬은방아벌레 🗡12~16mm. ⏱5~10월(여름). 몸이 얼룩덜룩해서 땅 위에 떨어져 있으면 눈에 잘 띄지 않는다.

청동방아벌레 성충 유충(철사벌레)
🗡15mm 내외. ⏱5~6월(여름). 🍴식물 뿌리, 감자 괴경(유충). 몸은 검은색이고 길쭉하다. 유충은 2~3년 동안 땅속에서 생활하며 철사처럼 길쭉해서 '철사벌레'라고 불린다.

| 나비목 > 네발나비과

성충(날개 윗면)

성충(날개 아랫면)    유충

네발나비

📏 41~55mm, 📅 3~11월(봄), 🍃 환삼덩굴, 삼(유충). 날개가 낙엽과 비슷해서 눈에 잘 띄지 않고 날개 아랫면에는 C자 무늬가 있다. 유충은 몸에 뾰족한 돌기가 많다.

땅에서 만나는 곤충〉나비목

네발나비과

날개 윗면　　　　　　　　　　　　　날개 아랫면

청띠신선나비
📏 55~64㎜, 🕐 3~10월(봄), 🌿 청가시덩굴, 청미래덩굴(유충). 날개 윗면 양쪽에는 청색 띠무늬가 뚜렷하고 널게 이랫면은 땅 빛깔과 비슷하다. 나뭇진과 썩은 과일에 잘 모여든다.

네발나비과

날개 윗면　　　　　　　　　　　　　날개 아랫면

뿔나비
📏 32~47㎜, 🕐 3~11월(봄), 🌿 풍게나무, 팽나무, 왕팽나무(유충). 활엽수가 많은 숲에 살고 떼 지어 땅 위에 내려앉아 물을 먹는다. 썩은 과일과 동물 사체, 배설물, 꽃꿀도 빨아 먹는다.

땅에서 만나는 곤충 > 나비목

거꾸로여덟팔나비 🗡35~46㎜, 🕐4~9월(봄), 🍴거북꼬리(유충). 날개를 거꾸로 보면 흰색의 팔(八)자 무늬가 보인다.

큰멋쟁이나비 🗡47~65㎜, 🕐3~11월(가을), 🍴느릅나무, 거북꼬리, 왕모시풀(유충). 낮은 산지를 날아다니며 썩은 과일과 꽃꿀을 빤다.

큰흰줄표범나비　　　　　　　날개 윗면　　　　　　　　　　　　　　　　　날개 아랫면
🗡58~69㎜, 🕐6~8월(여름), 🍴제비꽃류(유충). 얼룩덜룩한 날개 무늬가 표범을 닮았다고 해서 이름이 지어졌다. 물을 먹거나 햇볕을 쬐기 위해 땅에 잘 내려앉는다.

땅에서 만나는 곤충〉나비목

네발나비과

세줄나비 📏 54~65mm, 🗓 5~7월(여름), 🌿 다풍나무, 고로쇠나무(유충). 축축한 땅에 잘 내려앉아 썩은 과일과 쓰레기를 먹는다.

네발나비과

줄나비 📏 45~55mm, 🗓 5~10월(여름), 🌿 올괴불나무, 각시괴불나무(유충). 땅에 내려앉아 물을 먹고 꽃꿀도 빨지만 배설물과 새똥에도 모인다.

네발나비과

날개 윗면   날개 아랫면

애기세줄나비
📏 45~55mm, 🗓 5~9월(여름), 🌿 싸리, 칡, 비수리, 벽오동(유충). 날개를 쭉 펴고 활강하는 모습이 예뻐서 '숲속의 요정'이라고 불린다. 날개를 펴고 땅에 내려앉아 일광욕을 한다.

별박이세줄나비 🦋 50~62mm, ⏱ 5~10월(여름), 🌿 조팝나무, 꼬리조팝나무(유충). 날개 아랫면에 10개의 검은색 점이 있어서 이름이 지어졌다.

제일줄나비 🦋 45~60mm, ⏱ 5~9월(여름), 🌿 인동덩굴, 올괴불나무(유충). 날개에 굵은 흰색 줄무늬가 있고 꽃과 배설물에 모인다.

부처사촌나비 🦋 38~47mm, ⏱ 5~8월(여름), 🌿 실새풀, 참억새, 바랭이(유충). 날개 아랫면에 크고 작은 눈알 무늬가 많다.

굴뚝나비 🦋 50~71mm, ⏱ 6~9월(여름), 🌿 참억새, 새포아풀(유충). 날개에 3쌍의 눈알 무늬가 있고 풀밭 사이를 빠르게 날아다닌다.

땅에서 만나는 곤충 > 나비목

네발나비과

날개 윗면   날개 아랫면

대왕나비
📏 63~75mm, 📅 6~8월(여름), 🌿 굴참나무, 상수리나무, 신갈나무(유충). 날개는 적황색이고 검은색 줄무늬가 매우 많다. 학명의 증명이 곤지나 대왕을 뜻해서 이름이 지어졌다.

네발나비과

날개 윗면   날개 아랫면

왕오색나비
📏 71~101mm, 📅 6~8월(여름), 🌿 풍게나무, 팽나무(유충). 날개는 검은색이고 중앙에 진한 보라색 무늬가 있다. 하늘 위를 힘차게 날아다니며 나뭇진과 배설물에 모인다.

땅에서 만나는 곤충 〉 나비목

황오색나비 ⌀ 55~76㎜, ⏲ 6~10월(여름), 🌿 버드나무, 갯버들(유충). 오색 빛깔을 띠는 매우 화려한 나비로 나뭇진에 잘 모인다.

은판나비 ⌀ 71~89㎜, ⏲ 6~8월(여름), 🌿 느릅나무, 느티나무(유충). 날개에 크고 작은 흰색 점무늬가 있고 빠르게 날아다닌다.

산녹색부전나비 ⌀ 31~37㎜, ⏲ 6~8월(여름), 🌿 참나무류(유충). 날개 윗면에 청록색 광택이 나며 참나무 숲에 산다.

넓은띠녹색부전나비 ⌀ 33~36㎜, ⏲ 6~7월(여름), 🌿 갈참나무(유충). 아침에는 나뭇잎에 앉아 일광욕 하고 오후에 잘 날아다닌다.

땅에서 만나는 곤충 > 나비목

부전나비과

푸른부전나비 📏 26~32mm, 🕐 3~10월(여름), 🌿 싸리, 고삼, 칡(유충). 회백색의 날개가 땅 빛깔과 비슷해서 눈에 잘 띄지 않는다.

부전나비과

쇳빛부전나비 📏 25~27mm, 🕐 4~5월(봄), 🌿 조팝나무, 진달래(유충). 날개가 녹슨 쇳빛 같고 양지바른 땅에 잘 내려앉는다.

부전나비과

범부전나비 📏 26~33mm, 🕐 4~9월(봄), 🌿 고삼, 아까시나무, 갈매나무(유충). 날개 아랫면의 갈색 줄무늬가 호랑이를 연상시킨다.

부전나비과

먹부전나비 📏 22~25mm, 🕐 4~10월(봄), 🌿 꿩의비름, 돌나물(유충). 날개 윗면이 먹물처럼 보인다고 해서 이름이 지어졌다.

부전나비과

작은주홍부전나비 📏 26~34mm, 🕐 4~10월(여름), 🌿 애기수영, 소리쟁이(유충). 날개가 예쁜 주홍색이며 땅에 잘 내려앉는다.

호랑나비과

모시나비 📏 43~60mm, 🕐 5~6월(봄), 🌿 왜현호색, 산괴불주머니, 현호색(유충). 낮은 산지의 꽃을 찾아다니다가 땅에 잘 내려앉는다.

땅에서 만나는 곤충 > 나비목

큰줄흰나비 📏 41~55mm, 🕐 4~10월(봄), 🌿 미나리냉이, 속속이풀, 배추, 무(유충). 흰색의 날개에 진한 검은색 줄무늬가 있다.

대만흰나비 📏 37~46mm, 🕐 4~10월(여름), 🌿 나도냉이, 속속이풀(유충). 경작지와 산지의 경계에 살며 땅에 앉아 물을 먹는다.

왕자팔랑나비 📏 33~38mm, 🕐 5~9월(여름), 🌿 마, 단풍마, 참마(유충). 엉겅퀴와 개망초 등의 꿀을 빨다가 땅에 잘 내려앉는다.

멧팔랑나비 📏 31~39mm, 🕐 3~6월(봄), 🌿 떡갈나무, 졸참나무(유충). 날개는 진갈색이며 낙엽과 땅 위에 잘 내려앉는다.

땅에서 만나는 곤충 > 노린재목

노린재목 > 땅노린재과

땅노린재 7~10mm, 5~9월(여름). 식물 뿌리, 씨앗. 검은색의 몸 빛깔이 땅과 비슷해서 눈에 잘 띄지 않으며 땅에서 생활한다.

땅노린재과

장수땅노린재 14~20mm, 4~10월(여름). 식물 뿌리, 씨앗, 열매. 땅노린재류 중에서 톱십이 가장 크고 모습이 물지러와 닮았다.

땅노린재과

참점땅노린재 3~6mm, 6~10월(여름). 식물 뿌리, 몸에 황백색 점무늬가 있고 가장자리에 흰색 테두리가 있다.

톱날노린재과

톱날노린재 12~16mm, 6~10월(여름). 호박, 수박, 참외. 몸이 땅 빛깔과 비슷해서 눈에 잘 띄지 않고 배는 톱니 모양이다.

땅에서 만나는 곤충 > 노린재목

참나무노린재과

참나무노린재 🖉 12mm 내외. ⌚ 5~10월(여름). 🍽 참나무류. 몸은 황록색이고 참나무에서 떨어져 땅 위를 기어 다닌다.

작은주걱참나무노린재 🖉 11~13mm. ⌚ 5~10월(여름). 🍽 참나무류. 수컷 생식기에 주걱 모양의 돌기가 크게 발달했다.

긴노린재과

별노린재과

어리흰무늬긴노린재 🖉 7~8mm. ⌚ 3~10월(여름). 🍽 각종 식물. 몸은 진갈색이고 땅이나 식물의 뿌리 근처에서 발 빠르게 움직인다.

별노린재 🖉 9mm 내외. ⌚ 2~11월(여름). 🍽 식물 뿌리, 벼, 콩. 몸은 유선형이고 성충으로 월동한 후 초봄에 햇볕이 잘 드는 땅 위를 빠르게 기어 다닌다.

땅에서 만나는 곤충 〉 노린재목

허리노린재과

허리노린재과

떼허리노린재 🖉 8~12mm. ⏱ 3~10월(봄). 🍽 장미류, 국화류, 마디풀류. 몸은 암갈색이고 배 옆 가장자리에 황갈색 가로줄무늬가 있다.

노랑배허리노린재 🖉 10~16mm. ⏱ 4~12월 (가을). 🍽 사철나무, 화살나무, 회잇살나무. 몸은 흑갈색이고 배 아랫면은 선명한 황색을 띤다.

광대노린재과

뿔노린재과

도토리노린재 🖉 9~10mm. ⏱ 5~10월(여름). 🍽 억새, 개밀. 산과 들의 잡초 지대에 살며 몸이 도토리 열매와 비슷하게 생겼다.

에사키뿔노린재 🖉 11~13mm. ⏱ 4~11월(여름). 🍽 산초나무, 층층나무. 자신이 낳은 알을 정성껏 돌보는 암컷은 모성애가 뛰어나다.

얼룩대장노린재 🔍21㎜ 내외. ⏰4~10월(가을). 🌿참나무류. 몸에 얼룩덜룩한 무늬가 많아서 나무껍질처럼 보인다.

썩덩나무노린재 🔍13~18㎜. ⏰3~11월(가을). 🌿각종 식물, 과일나무. 몸 빛깔이 썩은 나무 빛깔과 비슷해서 눈에 잘 띄지 않는다.

네점박이노린재 🔍12~14㎜. ⏰4~11월(가을). 🌿감나무, 콩, 칡. 앞가슴등판 앞부분에 4개의 황백색 점무늬가 있다.

풀색노린재 🔍12~16㎜. ⏰3~11월(여름). 🌿콩류, 각종 식물. 몸이 녹색이어서 이름이 지어졌고 방귀도 풀잎 향을 풍긴다.

땅에서 만나는 곤충 〉 노린재목

노린재과

갈색날개노린재 🗡10~12mm. ⏰3~11월(여름). 🍽과일나무, 각종 식물. 앞날개가 갈색을 띠고 있어서 이름이 지어졌다.

노린재과

무시바노린재 🗡8~9mm. ⏰5~11월(가을). 🍽참나무류. 몸이 적갈색이어서 낙엽이나 나무 빛깔과 매우 비슷하다.

노린재과

주둥이노린재 🗡12~16mm. ⏰3~11월(여름). 🍽나비류 유충. 앞가슴등판 양쪽이 뾰족하고 사냥을 하는 육식성 곤충이다.

노린재과

남색주둥이노린재 🗡6~8mm. ⏰3~9월(여름). 🍽나방류 유충, 잎벌레류 유충. 풀밭에 살면서 잎벌레류와 나방류 유충을 주둥이 침으로 찔러 사냥한다.

땅에서 만나는 곤충 > 노린재목

왕주둥이노린재 📏 18~23mm. ⏱ 4~10월(여름). 🍴 나비류 유충. 몸은 녹색 또는 갈색이고 나비류 유충을 주둥이로 찔러 사냥한다.

우리갈색주둥이노린재 📏 13~14mm. ⏱ 4~11월(여름). 🍴 곤충. 작은방패판 윗부분의 양 끝에 검은색 점무늬가 있다.

붉은등침노린재 📏 10~12mm. ⏱ 4~11월(여름). 🍴 곤충. 몸은 붉은색이고 시냇가 주변의 땅이나 풀잎을 천천히 기어 다닌다.

왕침노린재 📏 20~27mm. ⏱ 3~11월(가을). 🍴 곤충. 육식성 침노린재류 중에서 몸집이 가장 커서 이름이 지어졌다.

땅에서 만나는 곤충 〉 노린재목

침노린재과

껍적침노린재 🔗 12~16mm, 🔗 4~11월(여름), 🐛 곤충. 몸은 검은색이고 앞가슴등판에 십(+)자 모양의 홈이 있으며 소나무에 많다.

침노린재과

다리무늬침노린재 🔗 13~16mm, 🔗 4~10월(여름), 🐛 곤충. 다리에 줄무늬가 많아서 이름 지어졌고 나무 위에서 잘 보인다.

쐐기노린재과

노랑날개쐐기노린재 🔗 9~10mm, 🔗 3~11월(여름), 🐛 소형 곤충. 짧은 앞날개가 황색을 띠고 풀밭을 빠르게 기어 다니며 생활한다.

쐐기노린재과

빨간긴쐐기노린재 🔗 10mm 내외, 🔗 5~10월(가을), 🐛 나비류 유충. 몸은 적갈색이고 소형 곤충을 뾰족한 주둥이로 찔러 사냥한다.

파리목〉검정파리과

검정파리과

금파리 ⌀ 6~12㎜, ⏱ 4~10월(여름), 🐾 동물 사체, 배설물. 몸은 황록색이고 광택이 나며 땅이나 돌 위에 잘 내려앉는다.

연두금파리 ⌀ 5~9㎜, ⏱ 4~10월(여름), 🐾 동물 사체, 배설물. 몸은 녹색이고 배설물에 모여 병균을 옮기는 해충이다.

검정파리과

쉬파리과

큰검정파리 ⌀ 10~13㎜, ⏱ 3~11월(가을), 🐾 동물 사체, 배설물. 몸은 청색 광택이 나며 햇볕이 잘 드는 곳에 잘 내려앉는다.

검정볼기쉬파리 ⌀ 7~13㎜, ⏱ 4~10월(여름), 🐾 동물 사체, 배설물. 썩은 음식물과 쓰레기가 썩은 곳에 잘 모여든다.

땅에서 만나는 곤충 > 파리목

털파리과

검털파리 🗡11~14mm. 🕓4~8월(봄). 🍴썩은 식물(유충). 몸은 검은색이고 길쭉하며 계곡 주변의 땅이나 풀잎에서 짝짓기하는 모습이 보인다.

들파리과

뿔들파리 🗡9~11mm. 🕓4~8월(여름). 🍴꽃가루(성충). 몸은 검은색이고 햇볕이 잘 드는 산지의 등산로를 빠르게 날아다닌다.

꽃등에과

물결넓적꽃등에 🗡10~12mm. 🕓4~11월(여름). 🍴진딧물(유충). 몸이 넓적하고 배 부분에 여러 개의 황색 줄무늬가 있다.

꽃등에과

어리대모꽃등에 🗡16~18mm. 🕓5~9월(여름). 🍴벌집에 기생(유충). 몸이 매우 뚱뚱하고 배 부분에 굵은 흰색 띠를 갖고 있다.

암컷   수컷(작은 개체)

재니등에과

빌로오도재니등에
🔸7~12mm. 🔸4~6월(봄). 🔸꽃꿀(성충). 온몸이 벨벳처럼 부드러운 털로 덮여 있고 정지 비행을 하며 꿀을 빤다. 수컷은 암컷에 비해 크기가 훨씬 더 작다.

등에과

갈로이스등에 🔸19~20mm. 🔸6~8월(여름). 🔸나뭇진(성충). 야산과 목장 주변의 가축에게 달라붙어 피를 빨아 먹고 산다.

파리매과

검정파리매 🔸22~25mm. 🔸6~9월(여름). 🔸나방, 풍뎅이(성충). 빠르게 날아다니며 사냥을 하다가 땅에도 잘 내려앉는다.

땅에서 만나는 곤충〉벌목

벌목〉말벌과

참땅벌 📏18mm 내외, 🕐4~10월(여름), 🍴곤충, 사체. 몸은 검은색이고 황색 줄무늬가 많으며 사체와 썩은 과일에 모인다.

말벌과

뱀허물쌍살벌 📏13~18mm, 🕐4~9월(여름), 🍴곤충 유충. 나뭇가지에 뱀 허물을 닮은 집은 짓는다고 해서 이름이 지어졌다.

말벌과

큰뱀허물쌍살벌 📏15~20mm, 🕐5~10월(여름), 🍴곤충 유충(유충). 몸은 황색이고 붉은색 무늬가 있으며 타원형 집을 짓는다.

말벌과

왕바다리 📏25~30mm, 🕐4~10월(봄), 🍴곤충. 몸에 황갈색 띠무늬가 있고 주택가에 집을 잘 짓는다.

땅에서 만나는 곤충 〉 벌목

호리병벌 📏 25~30mm, 🕐 6~10월(여름), 🍴 나비류 유충, 나방류 유충(유충). 흙을 모아 식물의 줄기와 목재, 땅에 호리병 모양의 집을 짓는다.

양봉꿀벌 📏 10~17mm, 🕐 3~10월(여름), 🍴 꽃가루, 꽃꿀(유충). 꽃가루받이를 위해 도입한 벌로 물을 먹기 위해 땅에 잘 내려앉는다.

구주개미벌 📏 11~13mm, 🕐 6~8월(여름), 🍴 뒤영벌(유충). 몸은 검은색이고 뚱뚱하며 모습이 개미를 닮아서 '개미벌'이라고 불린다.

곰개미 📏 5~9mm, 🕐 5~10월(봄), 🍴 진딧물 감로(성충). 건조한 땅에 집을 짓고 땅 위에서 곤충 사체를 잘 끌고 간다.

땅에서 만나는 곤충 > 벌목

개미과

일개미　　　　　　　　　　　　　　　　여왕개미

일본왕개미
🕒 7~14mm. 📅 3~10월(여름). 🍽 잡식성(성충). 풀밭 주변의 땅속에 집을 짓고 살며 우리나라에서 크기가 가장 큰 개미이나, 5~6월이 되면 여왕개미는 수개미와 결혼 비행을 한다.

개미과

개미과

검정꼬리치레개미 🕒 2.5~4mm. 📅 4~9월(여름). 🍽 진딧물, 깍지벌레 감로(성충). 썩은 나무나 땅속에 집을 짓고 7월에 결혼 비행을 한다.

가시개미 🕒 7~8mm. 📅 4~10월(여름). 🍽 일본왕개미(유충). 붉은색 가슴과 배에 갈고리 모양의 돌기가 있고 땅에서 줄지어 기어 다닌다.

땅에서 만나는 곤충 〉 벌목

개미과

한국홍가슴개미 ⟋ 7~14mm, ⊙ 5~9월(여름), ⓧ 잡식성(성충). 몸은 적갈색이고 개미산을 방출하며 작은 무척추동물과 식물질을 먹고 산다.

대모벌과

별대모벌 ⟋ 10~20mm, ⊙ 7~9월(여름), ⓧ 거미류(유충). 몸은 검은색이고 사냥한 거미를 마취시킨 후 그 속에 알을 낳아 번식한다.

대모벌과

왕무늬대모벌 ⟋ 13~25mm, ⊙ 6~8월(여름), ⓧ 황닷거미(유충). 몸은 검은색이고 배에 황색 띠무늬가 있으며 거미를 사냥한다.

대모벌과

홍허리대모벌 ⟋ 9mm 내외, ⊙ 6~9월(여름), ⓧ 거미류(유충). 몸은 검은색이고 배에는 적갈색 띠가 뚜렷하며 땅 위를 낮게 날아다닌다.

땅에서 만나는 곤충 〉 벌목

구멍벌과

홍다리조롱박벌 22~30mm. 6~7월(여름). 실베짱이, 쌕쌔기(유충). 풀벌레를 사냥해 땅에 구멍을 파고 넣은 후 알을 낳는다.

구멍벌과

식크맵나나니 12~25mm. 5~8월(여름). 나비류 유충(유충). 몸이 매우 가늘고 길쭉하며 땅 위를 빠르게 날아다니면서 사냥한다.

구멍벌과

노랑점나나니 14~22mm. 7~10월(여름). 거미류(유충). 몸은 검은색이고 배 끝 부분에 4개의 황색 줄무늬가 있다.

맵시벌과

왜가시뭉툭맵시벌 12~14mm. 4~7월(여름). 나방류 유충. 몸은 검은색이고 황색 무늬가 많으며 땅에 잘 내려앉는다.

메뚜기목 〉 메뚜기과

수컷(갈색형)  　　　　　　　　암컷(갈색형)

수컷(녹색형)  　　　　　　　　암컷(녹색형)

팥중이
📏 28~46mm, 📅 7~10월(가을), 🍴 각종 식물. 몸에 점무늬가 많아서 팥을 뿌려 놓은 듯하다. 수컷 앞가슴등판에는 X자 모양이 뚜렷하고 주로 갈색형이지만 녹색형도 있다.

땅에서 만나는 곤충 〉 메뚜기목

콩중이 ⌀ 37~59㎜, ⏱ 7~10월(가을), 🌿 벼류. 녹색을 띠는 몸이 콩 빛깔을 닮아서 이름 지어졌고 팥중이 녹색형과 닮았다.

등검은메뚜기 ⌀ 25~42㎜, ⏱ 7~11월(여름), 🌿 각종 식물. 몸은 흑갈색이고 점무늬가 많아서 풀밭에 있으면 눈에 잘 띄지 않는다.

수컷　　　　　　　　　　　　　　　　암컷

두꺼비메뚜기
⌀ 23~34㎜, ⏱ 7~10월(가을), 🌿 각종 식물. 가슴 부분에 있는 오톨도톨한 돌기가 두꺼비 등판을 닮았다. 암컷은 수컷보다 훨씬 더 뚱뚱하고 커서 구별된다.

땅에서 만나는 곤충 > 메뚜기목

우리벼메뚜기 📏 23~40mm, 🕐 7~11월(가을). 🌿 벼류. 몸은 녹색과 갈색 등 다양하고 논과 밭 주변의 땅이나 풀잎 위에 앉아 있다.

발톱메뚜기 📏 21~35mm, 🕐 7~10월(가을). 🌿 각종 식물. 몸은 갈색이고 점무늬가 많아서 '얼룩메뚜기'라고 불렸으며 물가에 산다.

밑들이메뚜기 📏 25~40mm, 🕐 5~9월(여름). 🌿 각종 식물. 몸은 녹색이고 배 끝 부분이 위로 들려 올라가 있어서 이름이 지어졌다.

방아깨비 📏 42~86mm, 🕐 6~10월(여름). 🌿 벼류. 기다란 뒷다리를 동시에 잡고 있으며 방아를 찧듯 위아래로 움직인다.

땅에서 만나는 곤충 〉메뚜기목

섬서구메뚜기 🔍 23~47mm. ⏰ 7~10월(가을). 🌿 각종 식물. 머리는 끝이 뾰족한 원뿔형이고 겨자지 풀밭의 땅 위에서 흔히 보인다.

모메뚜기 🔍 8~13mm. ⏰ 1~12월(봄). 🌿 각종 식물. 몸 길이가 매우 짧으며 낙개가 짧아서 날지 못하지만 점프를 해서 이동한다.

꼬마모메뚜기 🔍 8~13mm. ⏰ 1~12월(여름). 🌿 각종 식물. 몸이 가늘고 날개가 긴 장시형이 많으며 풀밭에서 점프하며 생활한다.

좁쌀메뚜기 🔍 4~5mm. ⏰ 1~12월(여름). 🌿 조류. 몸은 검은색이고 광택이 나며 물가의 땅과 경작지 풀밭에 산다.

땅에서 만나는 곤충 > 메뚜기목

꼽등이과

꼽등이과

꼽등이 🔏 13~20mm, ⏱ 5~11월(여름), 🍴 잡식성. 몸은 밝은 갈색이고 광택이 나며 꼽추처럼 등이 굽어서 이름이 지어졌다.

알락꼽등이 🔏 12~18mm, ⏱ 1~12월(여름), 🍴 잡식성. 몸에 얼룩덜룩한 점무늬가 많고 주택가의 화단에도 많이 산다.

꼽등이과

꼽등이과

검정꼽등이 🔏 10~16mm, ⏱ 6~9월(여름), 🍴 잡식성. 몸은 검은색이고 낙엽이나 돌 밑 등 습기가 많은 곳에 산다.

장수꼽등이 🔏 16~25mm, ⏱ 6~10월(여름), 🍴 잡식성. 숲의 축축한 땅이나 썩은 나무 주변에서 먹이를 찾아 활동한다.

땅에서 만나는 곤충 > 메뚜기목

여치과

애여치
📏 16~24mm. 📅 6~8월(여름). 🍴 잡식성. 머리와 앞가슴등판은 녹색이지만 때로는 갈색이 섞우도 있다. 더듬이는 머리카락처럼 가늘며 날개는 배 길이보다 짧은 개체도 있고 배 길이보다 긴 개체도 있다.

여치과

갈색여치
📏 25~33mm. 📅 6~10월(여름). 🍴 잡식성. 몸은 암갈색이지만 배 아랫부분은 밝은 녹색이다. 앞날개끼리 비벼서 소리를 내고 산길에 나와 있는 모습이 보인다.

여치과

잔날개여치
🔸16~25mm, 🕐5~9월(여름), 🍴잡식성. 몸은 전체적으로 갈색을 띠고 앞날개가 매우 짧다. 눈 뒤쪽의 양옆에 흰색 줄이 선명하고 앞가슴등판 가장자리에 흰색 무늬가 있다.

여치과

긴꼬리쌕쌔기
🔸24~31mm, 🕐7~11월(여름), 🍴잎, 씨앗. 몸은 녹색이고 등은 연갈색이다. 암컷의 산란관은 몸 길이보다 더 길다. 풀 줄기에 앉아 있다가 점프를 잘한다.

땅에서 만나는 곤충 〉 메뚜기목

여치과

검은다리실베짱이 29~36mm, 6~11월(가을), 잎, 꽃가루. 더듬이와 뒷다리가 검은 색을 띠며 땅에서 친척이 쉬는 모습이 보인다.

귀뚜라미과

긴꼬리 14~20mm, 8~10월(여름), 꽃가루, 진딧물. 풀밭에서 다양한 식물을 먹고 살며 산길 주변에서 지나다니는 모습이 보인다.

귀뚜라미과

성충   약충

왕귀뚜라미 17~24mm, 7~11월(가을), 잡식성. 몸은 흑갈색이고 머리에 눈썹 모양의 흰색 줄이 있으며 풀밭에서 '릴리리리' 하며 운다. 약충은 몸 중앙에 흰색 줄무늬가 뚜렷하다.

땅에서 만나는 곤충 〉 메뚜기목

알락귀뚜라미 🖊12~14mm, ⏰7~11월(가을). 🍴잡식성. 풀숲 주변의 축축한 땅 위를 빠르게 기어 다니고 불빛에도 잘 모인다.

홀쭉귀뚜라미 🖊11~12mm, ⏰8~10월(여름). 🍴잡식성. 앞날개가 매우 짧기 때문에 날개를 비벼 소리를 내지 못한다.

먹귀뚜라미 🖊15~21mm, ⏰5~8월(여름). 🍴잡식성. 몸은 검은색이고 앞날개가 매우 짧으며 약충으로 월동한다.

모대가리귀뚜라미 🖊14~18mm, ⏰8~11월(가을). 🍴잡식성. 머리가 뿔처럼 생겨서 '뿔귀뚜라미'라고 불리며 '찌찌찌찌' 운다.

땅강아지과

땅강아지
23~34㎜, 1~12월(연중), 식물 뿌리. 포클레인처럼 생긴 앞다리로 순식간에 땅을 파기 때문에 '두더지귀뚜라미'라고도 불린다. 물에 빠져도 헤엄을 잘 친다.

풀잠자리목 〉 사마귀붙이과

애사마귀붙이
8~17㎜, 7~8월(여름), 거미류 알집(유충). 모습이 사마귀와 매우 닮아서 이름이 붙어졌다.

약대벌레목 〉 약대벌레과

약대벌레
10㎜ 내외, 5~9월(여름), 소형 곤충(성충). 소형 곤충을 잡아먹고 나무껍질 밑에서 유충으로 월동한다.

밑들이목 | 바퀴목

밑들이목〉밑들이과

밑들이목〉바퀴과

밑들이 ⌀ 12~14mm, ⏱ 5~6월(봄), 🍴 소형 곤충(성충). 주둥이가 길고 날개가 넓으며 땅과 풀잎에 자주 내려앉는 모습이 보인다.

산바퀴 ⌀ 12~14mm, ⏱ 4~10월(여름), 🍴 잡식성. 바퀴와 비슷하지만 산에 살면서 죽은 나무를 분해시키는 고마운 역할을 한다.

바퀴과

바퀴   성충   약충

⌀ 11~15mm, ⏱ 1~12월(여름), 🍴 잡식성. 오염된 곳을 빠르게 기어 다니며 병균을 옮기는 생존력과 번식력이 뛰어난 해충이다. 약충은 성충과 달리 단단한 날개가 발달하지 못했다.

땅에서 만나는 곤충 〉 바퀴목

사마귀과

왕사마귀
∅ 68~95mm, ⏱ 7~11월(가을), 🍴 곤충. 몸이 사마귀보다 더 크고 앞가슴 아랫부분에 황색 무늬가 있어서 점무늬가 주황색인 사마귀와 구별되며 알집도 크고 볼록하다.

사마귀과

좀사마귀
∅ 36~63mm, ⏱ 8~10월(가을), 🍴 곤충. 몸은 회갈색 또는 흑갈색이고 사마귀 중에서 몸집이 작아서 이름이 지어졌다. 앞다리와 앞가슴 아랫부분에 검은색 무늬가 있다.

왕바퀴과

먹바퀴 ⌀ 25~30mm, ⏱ 4~10월(여름), 🍴 잡식성. 몸은 흑갈색이고 나뭇진이나 썩은 나무에 잘 모이며 밤에도 잘 활동한다.

집게벌레목〉큰집게벌레과

큰집게벌레 ⌀ 24~30mm, ⏱ 4~10월(여름), 🍴 소형 곤충, 동물 사체. 딱지날개에 붉은색 띠무늬가 있고 경작지와 하천 변에 산다.

민집게벌레과

수컷 · 암컷

끝마디통통집게벌레

⌀ 15~20mm, ⏱ 4~11월(여름), 🍴 소형 곤충, 동물 사체. 몸은 검은색이고 배 끝마디로 갈수록 통통하게 부풀어서 이름이 지어졌다. 수컷의 집게는 동그랗게 굽었다.

땅에서 만나는 곤충 〉 집게벌레목

집게벌레과

수컷

암컷    약충

고마로브집게벌레
⌀ 15~22㎜, ⏱ 4~11월(여름), 🍴 소형 곤충, 각종 식물. 몸은 흑갈색이고 집게 길이가 우리나라에 사는 집게벌레 중 가장 길다. 수컷의 집게는 암컷보다 길이가 2배 정도 더 길다.

수컷 암컷

좀집게벌레
🗡16mm 내외. ⏱5~9월(여름). 🍴소형 곤충, 동물 사체. 몸은 암갈색이고 돌 밑과 낙엽 아래에서 성충으로 월동한다. 수컷의 집게는 암컷에 비해 둥글게 휘어졌고 그 안쪽에 작은 돌기가 있다.

좀
🗡11~13mm. ⏱6~11월(여름). 🍴천연 섬유. 몸은 은색을 띠며 어둡고 습하고 따뜻한 곳에 살면서 옷감을 갉아 먹는다.

납작돌좀
🗡10~15mm. ⏱4~10월(여름). 🍴조류, 이끼류, 썩은 과일. 바위 틈과 낙엽, 나무 틈에 살며 3개의 긴 꼬리를 갖고 있다.

*달주홍하늘소

잎에서 만나는 곤충

딱정벌레목	138
나비목	192
노린재목	224
파리목	268
벌목	283
메뚜기목	288
풀잠자리목	308
바퀴목	311
집게벌레목	313

잎에서 만나는 곤충 > 딱정벌레목

딱정벌레목 > 잎벌레과

점박이큰벼잎벌레 / 5.5~6mm, 4~9월 (봄). 참마. 검은색 점무늬가 앞가슴등판에 4개, 딱지날개에 4개 또는 2개 있다.

잎벌레과

주홍배큰벼잎벌레 / 6~8.2mm, 5~8월 (봄). 참마, 마. 머리와 앞가슴등판은 붉은색이고 딱지날개는 청색이며 연 2회 발생한다.

잎벌레과

배노랑긴가슴잎벌레 / 5~6.5mm, 4~9월(봄). 닭의장풀. 몸은 청람색, 더듬이와 다리는 검은색이고 성충으로 월동한다.

잎벌레과

적갈색긴가슴잎벌레 / 5~6mm, 4~8월(여름). 닭의장풀. 몸은 적갈색이고 성충으로 월동하며 연 2~3회 발생한다.

잎벌레과

홍줄큰벼잎벌레 / 4.3~4.5mm, 4~7월(여름). 닭의장풀. 몸은 붉은색이고 딱지날개에 2개의 굵은 청색 띠무늬가 있다.

잎벌레과

등빨간남색잎벌레 / 5.5~5.8mm, 6~7월 (여름). 닭의장풀. 몸은 적갈색이고 딱지날개는 청색이고 끝부분은 황갈색이다.

열점박이잎벌레 🔎 4~6㎜. ⏰ 3~11월(여름). 🌿 구기자나무. 딱지날개는 갈색으로 5쌍의 검은색 점무늬가 있다.

등빨간긴가슴잎벌레 🔎 8.5~9.5㎜. ⏰ 5~7월(여름). 🌿 닭의장풀. 몸은 검은색이고 딱지날개 양쪽에 붉은색 또는 황색 무늬가 있다.

곰보날개긴가슴잎벌레 🔎 7~9㎜. ⏰ 4~5월(봄). 🌿 백합류. 딱지날개에 움푹 들어간 점무늬가 많아서 곰보빵을 연상시킨다.

밤나무잎벌레 🔎 4.8~5.5㎜. ⏰ 4~10월(여름). 🌿 참억새, 밤나무, 개망초. 딱지날개에 검은색 띠무늬가 있고 밤나무 주변에서 잘 보인다.

소요산잎벌레 🔎 3.5~4.5㎜. ⏰ 5~8월(여름). 🌿 신갈나무, 상수리나무, 밤나무. 몸이 원통형이고 청록색 광택이 나서 보석처럼 아름답다.

콜체잎벌레 🔎 4~5.2㎜. ⏰ 5~7월(봄). 🌿 쑥, 싸리. 몸은 검은색이고 원통형이며 딱지날개에 굵은 황색 점무늬가 6개 있다.

잎에서 만나는 곤충 > 딱정벌레목

잎벌레과

기본형   이형

고구마잎벌레
📏 5.3~6mm, 📅 5~8월(여름), 🌿 고구마, 메꽃, 갯메꽃. 몸은 녹색, 청농색, 청색, 적동색 등 다양하고 유충은 고구마의 괴경(덩이줄기)을 갉아 먹어 피해를 일으킨다.

잎벌레과

중국청람색잎벌레 📏 11~13mm, 📅 5~8월(여름). 🌿 박주가리, 고구마. 몸이 둥글둥글하고 청람색 광택을 갖고 있어서 매우 예쁘다.

잎벌레과

포도꼽추잎벌레 📏 5~5.5mm, 📅 7~10월(여름). 🌿 포도. 머리와 앞가슴등판, 다리는 검은색이고 딱지날개는 적갈색을 띤다.

잎에서 만나는 곤충 > 딱정벌레목

금록색잎벌레 ⌀ 3~4.5mm, ⏱ 6~8월(여름).
🌿 쑥. 딱지날개는 녹색이지만 앞가슴등판은 황색과 청색, 붉은색 등 다양하다.

버들꼬마잎벌레 ⌀ 3.3~4.4mm, ⏱ 5~11월(봄).
🌿 버드나무류, 미루나무, 사시나무. 몸은 진한 청람색이고 버드나무를 흔들면 우수수 떨어진다.

성충   유충

좀남색잎벌레
⌀ 5.2~5.8mm, ⏱ 3~5월(봄). 🌿 소리쟁이, 수영, 상아, 토황. 몸은 흑청색이며 성충으로 월동한 다음 소리쟁이 잎에 나타나 짝짓기하고 알을 낳는다. 유충은 소리쟁이 잎을 갉아 먹고 자란다.

홍테잎벌레
⌀ 5.5~6mm, ⏱ 5~6월(봄). 🌿 마디풀. 몸은 주황색이며 딱지날개와 앞가슴등판에 있는 굵은 흑청색 무늬 때문에 몸 전체가 홍색의 테두리를 두른 듯 보인다. 버드나무류를 먹고 산다.

잎에서 만나는 곤충 > 딱정벌레목

잎벌레과

성충

이형　　　　　　　　　유충

버들잎벌레

∥ 6.8~8.5㎜, ⓒ 4~6월(봄), ⓕ 버드나무류, 사시나무, 황철나무. 황갈색 딱지날개에 20개의 검은색 점무늬가 있어서 무당벌레와 닮았다. 개체에 따라 무늬 변이가 있고 유충은 점무늬가 많다.

기본형   이형

쑥잎벌레
📏 7~10mm. 🕐 4~11월(가을). 🌿 쑥, 쑥부쟁이, 머위. 몸은 적동색과 흑청색, 청동색 등 체색 변이가 많다. 알로 월동하고 3월에 부화하여 활동을 시작하며 짝짓기를 하는 10월에 자주 보인다.

박하잎벌레 📏 7.5~9mm. 🕐 4~9월(봄). 🌿 박하, 산박하. 딱지날개에 돌기가 줄지어 나 있고 여름에 휴면한 후 가을에 자주 보인다.

사시나무잎벌레 📏 10~12mm. 🕐 4~10월(봄). 🌿 버드나무류, 사시나무. 붉은색의 딱지날개가 눈에 잘 띄고 성충으로 월동한다.

잎에서 만나는 곤충 > 딱정벌레목

기본형 / 이형

십이점박이잎벌레 / 8~10mm, 5~7월(봄), 돌배나무, 털야광나무. 몸은 검은색이고 딱지날개에 12개의 붉은색 점무늬가 있다. 붉은색 점무늬가 많아서 전체적으로 붉게 보이는 이형도 있다.

청줄보라잎벌레 / 11~15mm, 6~9월(여름). 층층이꽃, 들깨. 광택이 나는 녹색의 몸에 붉은색 줄무늬가 있어서 아름답다.

열점박이별잎벌레 / 9~14mm, 5~10월(여름). 포도, 개머루. 몸은 황색이고 딱지날개에 10개의 둥글고 큰 검은색 점이 있다.

잎에서 만나는 곤충 > 딱정벌레목

성충 유충

오리나무잎벌레
🔸 5.7~7.5mm. 🕐 4~8월(봄). 🌿 오리나무, 사방오리, 자작나무. 몸은 진한 흑청색이고 성충으로 월동한 후 오리나무류에 알을 10여 개씩 낳는다. 유충은 흑청색이며 잎살을 갉아 먹고 산다.

한서잎벌레 🔸 10~11mm. 🕐 7~11월(여름). 🌿 쇠무릎, 명아주, 개비름, 머위. 몸은 흑갈색이고 딱지날개에 여러 개의 줄무늬를 갖고 있다.

남방잎벌레 🔸 4.5~5.8mm. 🕐 6~8월(여름). 🌿 들깨, 박하, 소엽. 머리는 검은색, 앞가슴등판은 황갈색, 딱지날개는 녹청색이며 알로 월동한다.

상아잎벌레
🔸 7.5~9.5mm. 🕐 3~8월(봄). 🌿 소리쟁이, 며느리배꼽, 호장근, 수영. 몸은 검은색이고 딱지날개에 3개의 황색 줄무늬가 뚜렷하며 크기는 변이가 심하다. 5~6월에 알을 낳는다.

잎에서 만나는 곤충 〉딱정벌레목

노랑가슴녹색잎벌레 🔗 5.8~7.8mm. ⏱ 5~10월(여름). 🌿 다래나무, 개머루. 몸은 청록색이고 광택이 나며 성충으로 월동한다.

검정오이잎벌레 🔗 5.8~6.3mm. ⏱ 4~11월(여름). 🌿 콩, 등나무, 오이. 몸은 황갈색이고 딱지날개는 검은색이며 성충으로 월동한다.

세점박이잎벌레 🔗 5~5.7mm. ⏱ 4~11월(여름). 🌿 하늘타리, 돌외. 딱지날개에 검은색 점이 3개 있지만 중앙에는 점이 없기도 한다.

질경이잎벌레 🔗 5~6mm. ⏱ 5~9월(여름). 🌿 버드나무, 황철나무. 몸은 황갈색이고 성충으로 월동 후 5월에 출현하여 알을 낳는다.

돼지풀잎벌레 🔗 4~7mm. ⏱ 3~11월(여름). 🌿 돼지풀, 단풍잎돼지풀, 도꼬마리. 몸은 밝은 회갈색이고 진한 갈색의 세로줄무늬가 있다.

일본잎벌레 🔗 4.8~6mm. ⏱ 4~8월(여름). 🌿 마름, 순채. 몸은 암갈색이고 연못 주변의 죽은 풀 사이에서 성충으로 월동한다.

잎에서 만나는 곤충 > 딱정벌레목

크로바잎벌레 📏 3.6~4mm, 📅 6~10월(여름), 🍃 쑥, 들깨, 콩, 토끼풀, 배추. 딱지날개에 둥근 연황색의 점무늬가 1쌍 있다.

어리발톱잎벌레 📏 3~4mm, 📅 5~9월(가을), 🍃 때죽나무, 붉나무, 졸참나무, 밤나무. 몸은 황갈색이고 검은색 눈이 불룩하게 튀어나와 보인다.

딸기잎벌레 📏 3.7~5.2mm, 📅 4~11월(여름), 🍃 소리쟁이, 토황, 딸기. 몸은 암갈색이고 성충으로 월동한 후 4월에 10~30개의 알을 낳는다.

쌍무늬혹가슴잎벌레 📏 4.7~5mm, 📅 5~7월(봄), 🍃 참빗살나무, 화살나무. 머리와 가슴은 검은색이고 딱지날개는 적갈색을 띤다.

단색둥글잎벌레 📏 4~5mm, 📅 5~6월(여름), 🍃 으아리, 사위질빵. 몸이 둥글고 다리가 짧아서 무당벌레와 비슷하지만 더듬이가 매우 길어서 구별된다.

점날개잎벌레 📏 3.2~4mm, 📅 3~11월(봄), 🍃 꽃가루(성충). 몸은 흑청색이고 광택이 나며 굵은 뒷다리로 벼룩처럼 점프하여 이동한다.

잎에서 만나는 곤충 > 딱정벌레목

왕벼룩잎벌레 🔗9~13mm, 🕐5~9월(여름), 🍃개옻나무, 붉나무. 적갈색의 딱지날개에 흰색 무늬가 있고 뒷다리가 매우 굵다.

벼룩잎벌레 🔗2~2.5mm, 🕐3~11월(여름), 🍃무, 배추, 냉이, 갓. 몸은 검은색이고 딱지날개에 황색 줄무늬가 있으며 성충으로 월동한다.

딸기벼룩잎벌레 🔗3.5~4mm, 🕐4~8월(여름), 🍃딸기, 뱀딸기. 몸은 흑청색 또는 녹청색이고 굵은 뒷다리로 톡톡 잘 튄다.

검정배줄벼룩잎벌레 🔗3mm 내외, 🕐4~11월(여름), 🍃배추, 냉이. 몸은 검은색이고 잡초나 낙엽 밑에서 성충으로 월동한다.

바늘꽃벼룩잎벌레 🔗2.8~3.8mm, 🕐3~11월(여름), 🍃분홍바늘꽃, 달맞이꽃. 몸은 흑청색과 녹청색, 청동색 등 매우 다양하다.

황갈색잎벌레 🔗5~6mm, 🕐5~6월(봄), 🍃박주가리. 몸은 검은색이고 딱지날개는 적갈색이며 6월경에 등황색 알을 낳는다.

잎에서 만나는 곤충 > 딱정벌레목

노랑테가시잎벌레 🪲 3.3~4.2mm, 🕐 4~11월(여름), 🌿 벚나무, 졸참나무. 몸은 진한 갈색이고 유충은 풀잎 속에서 생활한다.

큰노랑테가시잎벌레 🪲 5~5.2mm, 🕐 4~7월(여름), 🌿 머위, 쑥부쟁이. 몸은 흑갈색이고 노랑테가시잎벌레보다 몸이 더 길쭉하다.

사각노랑테가시잎벌레 🪲 4.5~5.6mm, 🕐 4~10월(여름), 🌿 졸참나무. 몸은 검은색이고 딱지날개에 뾰족한 가시가 돋아 있다.

줄남생이잎벌레 🪲 5.7~8.7mm, 🕐 5~8월(여름). 몸은 적갈색이고 유충은 배설물을 지고 다니며 천적으로부터 자신을 보호한다.

잎에서 만나는 곤충 > 딱정벌레목

잎벌레과

남생이잎벌레 ⁄ 6.3~7.2mm, ⏱ 4~7월(여름). 🌱 명아주, 흰명아주. 몸은 밀짚색이고 딱지날개에 검은색 점무늬가 매우 많다.

잎벌레과

애남생이잎벌레 ⁄ 5~5.5mm, ⏱ 4~10월(어름). 🌱 쇠무릎, 개비름. 몸은 적갈색이고 성충으로 월동하며 연 2회 출현한다.

잎벌레과

청남생이잎벌레 ⁄ 7~8.5mm, ⏱ 4~7월(여름). 🌱 엉겅퀴. 몸은 연녹색 또는 녹갈색이고 성충으로 월동하며 5월에 알을 낳는다.

잎벌레과

모시금자라남생이잎벌레 ⁄ 6.2~7.2mm, ⏱ 4~11월(여름). 🌱 메꽃. 딱지날개에 황금빛이 나서 남생이잎벌레류 중에서 가장 아름답다.

잎에서 만나는 곤충 > 딱정벌레목

잎벌레과

성충   유충

큰남생이잎벌레 ⬤ 7.8~8.5mm. ⏱ 4~8월(봄). 🍃 좀작살나무, 새비나무. 모습이 천연기념물인 남생이와 닮아서 이름이 지어졌다. 유충은 자신을 보호하기 위해 배설물과 허물을 뒤집어쓰고 다닌다.

잎벌레과

잎벌레과

루이스큰남생이잎벌레 ⬤ 5.2~6.8mm. ⏱ 5~8월(봄). 🍃 쇠물푸레나무, 쥐똥나무. 몸은 황갈색이며 나뭇잎 뒷면에 알을 낳는다.

곱추남생이잎벌레 ⬤ 4.7~6.7mm. ⏱ 4~7월(봄). 🍃 사위질빵. 몸은 암갈색이고 유충은 배설물을 뒤집어쓴 채 번데기가 된다.

151

잎에서 만나는 곤충 > 딱정벌레목

남색초원하늘소 ⌀ 11~17mm, ⏱ 5~7월(봄), 🍴 개망초, 쑥, 엉겅퀴. 몸은 흑청색이고 긴 원통형이며 더듬이에 검은색 털 뭉치가 있다.

삼하늘소 ⌀ 10~15mm, ⏱ 5~7월(여름), 🍴 대마, 쑥, 엉겅퀴(유충). 몸은 검은색이고 딱지날개 봉합부와 양옆에 회백색 줄무늬가 뚜렷하다.

노랑줄점하늘소 ⌀ 8~11mm, ⏱ 5~8월(여름), 🍴 감나무, 붉나무, 옻나무(유충). 몸은 검은색이고 황색 세로줄무늬가 있으며 죽은 나무에 잘 날아온다.

국화하늘소 ⌀ 6~9mm, ⏱ 5~6월(봄), 🍴 쑥, 국화. 몸은 검은색이고 앞가슴등판에 붉은색 무늬가 있으며 줄기 속에 알을 낳는다.

잎에서 만나는 곤충 〉딱정벌레목

털두꺼비하늘소 ⌀19~25㎜. ⏱3~10월(여름). 🌿상수리나무, 밤나무. 얼룩덜룩한 딱지날개가 두꺼비의 등판처럼 보인다.

작은청동하늘소 ⌀6~8㎜. ⏱5~7월(봄). 🌿꽃가루(유충). 몸은 남색이고 앞가슴등판은 적갈색이며 봄에 핀 다양한 꽃에 잘 모여든다.

넉점각시하늘소 ⌀5~8㎜. ⏱5~7월(봄). 🌿꽃가루(성충). 몸은 검은색이고 갈색의 딱지날개에 2쌍의 작은 황색 점무늬가 있다.

원통하늘소 ⌀7~12㎜. ⏱5~6월(여름). 🌿노박덩굴, 멍석딸기(유충). 몸은 흑갈색이고 긴 원통형이며 더듬이가 몸 길이의 3배나 될 정도로 매우 길다.

153

잎에서 만나는 곤충 > 딱정벌레목

하늘소과

우리목하늘소
📏 24~35mm, 🕐 5~8월(어른), 🌿 참나무류(유충). 몸은 연한 흑갈색이고 딱지날개에 2개의 넓은 가루띠무늬가 있다. 다리 힘이 매우 강해서 돌을 잘 들어 올린다.

하늘소과

달주홍하늘소
📏 17~23mm, 🕐 5~7월(여름), 🌿 신나무 꽃(성충). 붉은 색깔의 딱지날개에 크고 둥근 검은색 무늬가 있는 게 특징이며 땅 위에서 기어 다니는 모습이 많이 관찰된다.

잎에서 만나는 곤충 > 딱정벌레목

무늬소주홍하늘소 `하늘소과`

🔗 14~19mm. ⏱ 5~6월(여름). 🍽 단풍나무, 물푸레나무(유충). 몸은 검은색이고 붉은색 딱지날개에 타원형의 검은색 무늬가 있다. 신나무나 단풍나무 꽃에 잘 모여든다.

기본형(검은색)　　　　　　　　　　　　　　　　　이형(적갈색)

꽃하늘소 `하늘소과`

🔗 12~17mm. ⏱ 5~8월(봄). 🍽 소나무, 가문비나무, 삼나무(유충). 몸은 검은색 또는 적갈색이고 풀잎에 잘 내려앉는다. 낮은 산지나 들판의 꽃에 모여 꽃가루를 먹는다.

잎에서 만나는 곤충 〉 딱정벌레목

하늘소과

붉은산꽃하늘소 12~22㎜, 6~10월(여름), 시나무 고사목(유충). 딱지날개와 앞가슴등판은 붉은색이고 풀잎에 잘 내려앉는다.

하늘소과

긴알락꽃하늘소 12~23㎜, 5~7월(봄). 침엽수, 활엽수(유충). 몸은 검은색이고 딱지날개에 4개의 황색 무늬가 있다.

하늘소과

홍사과하늘소 15~19㎜, 5~6월(봄). 조팝나무(유충). 머리와 더듬이는 검은색이고 적갈색의 앞가슴등판 양옆에 검은색 점이 있다.

하늘소과

굵은수염하늘소 15~18㎜, 5~8월(여름). 밤나무, 쉬땅나무 꽃(성충). 굵은 더듬이가 톱날처럼 생겼고 잎에 앉아서 쉰다.

잎에서 만나는 곤충 > 딱정벌레목

하늘소과

벌호랑하늘소 8~19mm, 5~6월(여름). 버드나무, 신갈나무, 호두나무(유충). 몸은 원통형이고 딱지날개에 황색 줄무늬가 있다.

하늘소과

작은호랑하늘소 7~11mm, 5~6월(여름). 굴피나무, 느티나무, 상수리나무(유충). 몸은 검은색이고 딱지날개에 회백색 줄무늬가 있다.

하늘소과

긴다리범하늘소 6~11mm, 5~7월(봄). 몸은 검은색이고 몸에 비해 다리가 길어서 매우 빠르게 기어 다닌다.

하늘소과

육점박이범하늘소 7~13mm, 5~7월(여름). 국수나무 꽃(성충). 딱지날개에는 6개, 앞가슴등판에 2개의 검은색 무늬가 있다.

157

잎에서 만나는 곤충 〉 딱정벌레목

무당벌레과

황색형(점이 여러 개로 기본형이다)

황색형(점이 여러 개이며 굵다)

황색형(점이 여러 개이며 작다)

유충

번데기　　　　　　　　　　　　　　　　알

무당벌레
🐛 5~8mm. 🗓 3~11월(봄). 🍽 진딧물. 몸은 황색 또는 주황색이고 딱지날개에 검은색 점무늬가 많다. 유충은 검은색이고 배마디에 굵고 긴 주황색 무늬가 있다.

잎에서 만나는 곤충 > 딱정벌레목

무당벌레과

붉은색형(점이 여러 개로 기본형이다)

붉은색형(점이 여러 개이며 중앙의 점이 크다)

붉은색형(점이 여러 개로 붙어 있고 중앙의 점이 크다)

붉은색형(점이 여러 개이며 작다)

붉은색형(점무늬가 없고 점이 양 끝만 있다)

황색형(점무늬가 없고 점이 양 끝만 있다)

무당벌레
✎ 5~8mm. ◐ 3~11월(봄). ☙ 진딧물. 몸은 붉은색이고 딱지날개에 18개의 둥근 검은색 점무늬가 있지만 개체마다 점의 크기와 숫자가 다른 변이가 매우 많다.

잎에서 만나는 곤충 > 딱정벌레목

무당벌레과

검은색형(붉은색 점이 2개이다)   검은색형(붉은색 점이 2개로 둥근형이 아니다)

검은색형(붉은색 점이 4개이다)   검은색형(전체가 붉은색 점이다)

검은색형(황색 점이 2개이다)   검은색형(황색 점이 4개이다)

무당벌레

📏 5~8mm. 🕐 3~11월(봄). 🍴 진딧물. 검은색형 무당벌레는 몸이 검은색이고 딱지날개에 붉은색이나 황색 점무늬가 2개 또는 4개 있으며 점의 형태도 다양하다.

무당벌레과

잎에서 만나는 곤충 > 딱정벌레목

기본형(붉은색)  / 이형(주황색)

이형(황색, 우화 직후)  / 유충

칠성무당벌레
∥ 5~8.5mm, ⏱ 3~11월(봄), 🍴 진딧물. 딱지날개는 붉은색 또는 주황색이고 7개의 검은색 점무늬가 있다. 유충은 앞가슴등판과 배마디에 각각 4개의 주황색 점무늬가 있다.

잎에서 만나는 곤충 > 딱정벌레목

무당벌레과

성충  | 이형(검은색 무늬가 넓음)

유충  | 번데기

남생이무당벌레

⌀ 8~13mm, ⏱ 4~7월(봄), 🍴 잎벌레류 유충. 붉은색 딱지날개에 검은색 줄무늬가 남생이를 닮았고 우리나라 무당벌레 중에서 가장 크다. 유충은 잎벌레류의 유충을 잡아먹고 산다.

잎에서 만나는 곤충 > 딱정벌레목

무당벌레과

성충(주황색)   이형(황색)

이형(점 4개)   이형(점 2개)

이형(검은색)   유충

꼬마남생이무당벌레

◐ 3~4.5㎜, ◐ 4~10월(봄), ◐ 진딧물. 몸은 황색 또는 주황색이고 딱지날개에 있는 검은색 띠무늬는 개체마다 변이가 다양하다. 유충은 중앙에 황색 점무늬가 줄지어 있다.

잎에서 만나는 곤충 〉 딱정벌레목

무당벌레과

달무리무당벌레 6.7~8.5mm, 4~6월 (봄). 진딧물. 딱지날개 양 끝의 흰색 점 속에 있는 검은색 점이 달무리처럼 보인다.

무당벌레과

십일점박이무당벌레 4.3~5.6mm, 6~8월(여름). 진딧물. 딱지날개에 검은색 점무늬가 11개 있고 습지나 하천 주변에 산다.

무당벌레과

유럽무당벌레 4.4~6mm, 5~7월(봄). 나무이. 몸은 황갈색이고 딱지날개에 14개의 황색 점무늬를 갖고 있다.

무당벌레과

네점가슴무당벌레 4~5.1mm, 4~10월 (가을). 진딧물. 몸은 주황색이고 앞가슴등판에 4개의 흰색 점무늬가 있다.

무당벌레과

노랑무당벌레 3.5~5mm, 4~10월(여름). 흰가루병균. 딱지날개는 황색이고 앞가슴등판에 2개의 검은색 점무늬가 있다.

무당벌레과

십구점무당벌레 3.8~4.1mm, 5~7월(여름). 진딧물. 몸은 황색이고 딱지날개에 19개의 검은색 점무늬가 있다.

잎에서 만나는 곤충 〉 딱정벌레목

열석점긴다리무당벌레 🔍 5.5~6mm. 🕐 5~10월(여름). 🍴 진딧물. 딱지날개에 13개의 검은색 점무늬가 있고 강변과 습지에 산다.

곱추무당벌레 🔍 4~5.5mm. 🕐 5~6월(봄). 🍴 물푸레나무, 쥐똥나무. 몸은 황갈색이고 딱지날개에 10개의 검은색 점무늬가 있다.

성충 　　　　　　　　　　　　　　　　　　　　　　　　유충

큰이십팔점박이무당벌레
🔍 7~8.5mm. 🕐 4~10월(여름). 🍴 감자, 가지. 몸은 황갈색이고 딱지날개에 28개의 검은색 점무늬가 있다. 유충은 황색이고 몸 전체에 뾰족한 가시가 돋아 있다.

잎에서 만나는 곤충 > 딱정벌레목

애곱추무당벌레 1.4mm 내외, 5~6월(여름). 몸은 적갈색이고 딱지날개에 검은색 얼룩무늬가 있다.

홍테무당벌레 4.5~5.5mm, 4~5월(봄). 깍지벌레. 몸은 검은색이고 딱지날개에 붉은색 테두리가 있어서 이름이 지어졌다.

성충   유충

애홍점박이무당벌레
3.3~4.9mm, 3~11월(봄). 깍지벌레(유충). 몸은 검은색이고 딱지날개에 1쌍의 둥근 붉은색 점무늬가 있다. 유충은 흑갈색이고 몸에 뾰족뾰족한 가시가 돋아 있다.

홍점박이무당벌레
5.8~7.2mm, 3~11월(봄). 깍지벌레. 몸은 검은색이고 붉은색 점이 딱지날개 전체에 퍼져 있다. 성충으로 겨울나기를 하며 자세한 생태는 잘 알려져 있지 않다.

잎에서 만나는 곤충 > 딱정벌레목

거위벌레과

수컷  / 암컷

요람  / 알

왕거위벌레

◈ 8~12㎜. ◐ 5~8월(봄). ◉ 갈참나무, 밤나무, 오리나무. 몸은 적갈색이고 머리가 길쭉한 모습이 거위를 빼닮았다. 나뭇잎을 말아서 요람을 만들고 1~3개의 알을 낳는다.

167

잎에서 만나는 곤충 〉 딱정벌레목

거위벌레과

성충   요람

개암거위벌레
📏 6~7.5mm, ⏰ 5~8월(여름), 🌿 개암나무, 물오리나무, 떡갈나무(유충). 머리는 검은색이고 딱지날개는 붉은색이다. 나뭇잎을 말아서 요람을 만들고 알을 1~2개 낳는다.

거위벌레과

성충   요람

등빨간거위벌레
📏 6.5~7mm, ⏰ 5~9월(여름), 🌿 느릅나무, 느티나무(유충). 몸은 주황색이고 딱지날개는 진한 남색이며 광택이 있다. 나뭇잎을 한쪽 방향에서 반만 잘라서 요람을 만든다.

잎에서 만나는 곤충 〉딱정벌레목

거위벌레과

성충　　　　　　　　　　　　요람

노랑배거위벌레
🔏 3.5~5.5mm. 🗓 5~7월(봄). 🍃 싸리, 등나무류, 칡(유충). 몸은 검은색이고 배 끝이 황색을 띠기 때문에 이름이 지어졌다. 요람을 만들고 1~2개의 황색 알을 낳는다.

거위벌레과　　　　　　　　　　거위벌레과

거위벌레 🔏 6.5~10mm. 🗓 5~9월(여름). 🍃 오리나무, 까치박달(유충). 머리는 검은색이고 적갈색 딱지날개에 깊게 패인 홈이 많다.

분홍거위벌레 🔏 6~6.5mm. 🗓 5~7월(봄). 🍃 버드나무류, 물푸레나무류(유충). 몸은 적갈색이고 딱지날개에 9개의 홈줄이 있다.

잎에서 만나는 곤충 〉 딱정벌레목

거위벌레과

암컷　　　　　　　　　　수컷

북방거위벌레　🐛 3.5~4.5mm, ⏱ 4~8월(여름), 🌿 딸기, 줄딸기, 오리나무. 몸은 검은색이고 모습이 노랑배거위벌레와 비슷하지만 배가 황색이 아니다. 수컷은 암컷보다 머리가 훨씬 더 길다.

거위벌레과

거위벌레과

어깨넓은거위벌레　🐛 5mm 내외, ⏱ 5~9월(여름), 🌿 팽나무, 느티나무(유충). 몸은 검은색이고 딱지날개에 혹이 뾰족하게 솟아 있다.

느릅나무혹거위벌레　🐛 6mm 내외, ⏱ 5~8월(여름), 🌿 모시풀, 거북꼬리, 팽나무. 몸은 검은색이고 딱지날개에 혹 같은 돌기가 많다.

거위벌레과

주둥이거위벌레과

앞다리톱거위벌레　🐛 4~4.5mm, ⏱ 5~6월(봄), 🌿 참나무류(유충). 몸은 어두운 청색이고 넓적다리 앞부분에 작은 돌기가 있다.

포도거위벌레　🐛 4.4~4.6mm, ⏱ 5~7월(여름), 🌿 포도, 머루(유충). 몸은 구리색이 도는 검은색이고 포도의 해충이다.

잎에서 만나는 곤충 > 딱정벌레목

주둥이거위벌레과

주둥이거위벌레과

단풍뿔거위벌레 🕒 5.5~8.5㎜. ⏱ 5~6월(봄). 🌿 단풍나무. 몸은 진녹색이고 반질반질한 광택이 나서 아름답다.

복숭아거위벌레 🕒 7~10.5㎜. ⏱ 4~8월(봄). 🌿 복숭아, 자두, 매실. 몸은 자주색이고 과일 표면에 구멍을 뚫고 알을 낳는다.

주둥이거위벌레과

성충   알(도토리 속에 낳음)

도토리거위벌레
🕒 7~10.5㎜. ⏱ 6~9월(여름). 🌿 갈참나무 도토리, 신갈나무 도토리. 몸은 검은색이고 황색 털이 빽빽하다. 긴 주둥이로 도토리에 구멍을 뚫고 알을 낳은 후 가지를 잘라 땅에 떨어뜨린다.

잎에서 만나는 곤충 > 딱정벌레목

기본형 　　　　　　　　　 비행형(털 벗겨짐)

길쭉바구미
10~12mm. 6~8월(여름). 여뀌. 몸이 실쭉하고 주둥이가 코끼리 코처럼 길다. 적갈색 가루로 덮여 있지만 오랫동안 활동하면 벗겨져서 흑갈색처럼 보인다.

점박이길쭉바구미 6.5~12.5mm. 4~9월(여름). 여뀌. 몸이 매우 가늘고 길쭉하며 검은색 바탕에 주황색 가루가 덮여 있다.

엉겅퀴통바구미 8~10.5mm. 5~8월(여름). 몸은 흑갈색이고 원통형이며 앞가슴등판에 3개의 주황색 세로줄무늬가 있다.

잎에서 만나는 곤충 > 딱정벌레목

바구미과

도토리밤바구미 🔗 5.5~15㎜. ⏲ 4~10월(여름). 🍃 참나무류, 밤나무. 몸은 갈색이고 딱지날개에 흑갈색 무늬가 매우 많다.

바구미과

톱다리애밤바구미 🔗 1.8~2.7㎜. ⏲ 6~9월(여름). 🍃 참나무류. 몸은 어두운 청색이고 딱지날개에 회백색 줄무늬가 있다.

바구미과

큰뚱보바구미 🔗 7.5~8㎜. ⏲ 4~10월(봄). 몸은 갈색이고 뚱뚱하며 성충으로 월동하고 초봄에 일찍 출현해서 풀밭에서 보인다.

바구미과

털보바구미 🔗 8~12㎜. ⏲ 5~7월(봄). 🍃 각종 활엽수. 몸은 검은색이고 딱지날개 끝 부분과 다리에 털이 많아서 이름이 지어졌다.

잎에서 만나는 곤충 > 딱정벌레목

바구미과

기본형 　　　　　　이형(털 벗겨짐)

황초록바구미
/ 12~24mm. ⓒ 6~8월(여름) ✿ 버드나무류, 싸리, 여뀌. 몸이 연녹색 털로 덮여 있다. 활동하면서 녹색 딜이 벗겨지면 갈색처럼 되어 다른 종처럼 보인다.

바구미과　　　　　　　　　바구미과

혹바구미 / 13~17mm. ⓒ 5~9월(봄). ✿ 칡, 싸리, 뽕나무. 몸은 회백색과 갈색 털로 덮여 있으며 딱지날개 끝에 불룩 솟은 혹이 있다.

배자바구미 / 6~10mm. ⓒ 4~9월(봄). ✿ 칡. 딱지날개의 검은색 무늬가 한복의 배자 같고 모습이 곰인 판다를 연상시킨다.

잎에서 만나는 곤충 〉딱정벌레목

왕주둥이바구미 ⌀ 6.5~9.5mm. ⏲ 8~11월 (가을). 🌿 밤나무, 떡갈나무. 몸은 녹색 털로 덮여 있고 주둥이가 길쭉하지 않다.

주둥이바구미 ⌀ 5.4~6mm. ⏲ 4~8월(여름). 🌿 참나무류, 밤나무. 몸은 연갈색이고 딱지날개에 검은색 점무늬가 많다.

칠주둥이바구미 ⌀ 5.5~6.8mm. ⏲ 4~8월(여름). 🌿 참나무류. 몸은 회갈색 털로 덮여 있고 딱지날개에 점무늬가 흩어져 있다.

뭉뚝바구미 ⌀ 4.2~6mm. ⏲ 4~8월(여름). 🌿 으름덩굴. 몸은 갈색이고 점무늬가 흩어져 있으며 양쪽 눈 주위가 부풀었다.

얼룩무늬가시털바구미 ⌀ 5~6.2mm. ⏲ 6~10월(여름). 🌿 편백류. 몸은 황갈색이고 얼룩덜룩하며 딱지날개가 가시 털로 덮여 있다.

땅딸보가시털바구미 ⌀ 5~5.6mm. ⏲ 6~10월 (여름). 🌿 귤류. 몸은 갈색이고 겹눈은 검은색이며 몸이 매우 작지만 뚱뚱하다.

175

잎에서 만나는 곤충 > 딱정벌레목

바구미과

가슴골좁쌀바구미 📏 2.5~8.2mm. ⏱ 4~9월 (여름). 몸은 갈색이고 둥글며 딱지날개에 흰색 무늬가 있고 좁쌀처럼 매우 작다.

바구미과

환삼덩굴좁쌀바구미 📏 2.8~3.1mm. ⏱ 4~9월(여름). 🌿 환삼덩굴. 몸이 좁쌀처럼 매우 작아서 확대경으로 봐야 구별된다.

창주둥이바구미과

엉겅퀴창주둥이바구미 📏 2.8~3.1mm. ⏱ 4~7월(봄). 🌿 지칭개, 엉겅퀴, 자운영. 몸은 검은색이고 광택이 나며 꽃에 잘 모인다.

소바구미과

회떡소바구미 📏 4.2~8mm. ⏱ 4~10월(여름). 🌿 버섯류. 몸은 검은색이고 딱지날개에 흰색 털이 있으며 나무의 버섯에 잘 모인다.

소바구미과

소바구미 📏 3.7~6.2mm. ⏱ 6~9월(여름). 🌿 때죽나무. 몸은 황갈색 털로 덮여 있고 검은색 점이 많으며 더듬이가 매우 길다.

콩바구미과

팥바구미 📏 3.5mm 내외. ⏱ 연중(가을). 🌿 팥. 몸은 적갈색이고 더듬이가 톱니 모양이며 앞가슴등판에 2개의 흰색 점무늬가 있다.

잎에서 만나는 곤충 > 딱정벌레목

기본형   이형(검은색)

등얼룩풍뎅이 (풍뎅이과)
📏 8~13mm, 🕐 3~11월(여름), 🍴 잔디, 농작물 뿌리(유충). 몸은 황갈색이고 검은색 얼룩무늬가 있으며 더듬이는 삼지창 모양으로 펼쳐진다. 몸이 검은색인 이형도 있다.

연노랑풍뎅이 (풍뎅이과) 📏 8~12.5mm, 🕐 6~8월(여름), 🍴 식물 뿌리(유충). 몸은 연갈색이고 앞가슴등판에 2개의 검은색 무늬가 뚜렷하다.

주둥무늬차색풍뎅이 (풍뎅이과) 📏 9~14mm, 🕐 5~9월(여름), 🍴 식물 뿌리(유충). 몸은 황백색 털로 덮여 있고 다양한 활엽수의 잎을 먹는다.

177

잎에서 만나는 곤충 〉 딱정벌레목

기본형   이형(갈색)

참콩풍뎅이   📏 10〜15㎜, 📅 4〜10월(여름), 🍃 참나무류, 벚나무류. 몸은 진한 남색이고 광택이 나며 배마디 양옆에 흰색 털로 된 점무늬가 있다. 딱지날개가 갈색을 띠는 이형도 있다.

콩풍뎅이   📏 10〜13㎜, 📅 4〜11월(여름). 🍃 잎, 꽃가루. 몸은 진한 남색이고 생김새가 콩과 매우 비슷해서 이름이 지어졌다.

녹색콩풍뎅이   📏 9〜12㎜, 📅 5〜10월(여름), 🍃 식물 뿌리(유충). 머리와 앞가슴등판은 녹색이고 광택이 나며 딱지날개는 갈색을 띤다.

잎에서 만나는 곤충 〉 딱정벌레목

풍뎅이 📏 15~23㎜, ⏲ 4~11월(여름), 🍽 식물 뿌리(유충). 몸은 녹색이고 광택이 매우 강하며 활엽수의 잎과 꽃을 먹고 산다.

홈줄풍뎅이 📏 11~16㎜, ⏲ 5~11월(여름), 🍽 식물 뿌리(유충). 몸은 진녹색이고 광택이 있으며 딱지날개에 10개의 홈이 있다.

별줄풍뎅이 📏 14~20㎜, ⏲ 5~11월(여름), 🍽 식물 뿌리(유충). 딱지날개에 4개의 굵은 줄이 있으며 침엽수의 잎을 갉아 먹는다.

어깨무늬풍뎅이 📏 8~11㎜, ⏲ 4~10월(여름), 🍽 식물 뿌리(유충). 머리와 앞가슴등판은 검은색이고 딱지날개에 검은색 점무늬가 많다.

잎에서 만나는 곤충 〉 딱정벌레목

풍뎅이과

카멜레온줄풍뎅이 12~17mm, 5~10월(여름), 식물 뿌리(유충). 몸 빛깔이 녹색과 황록색, 청보라색 등 변이가 매우 다양하다.

풍뎅이과

등노랑풍뎅이 12~18mm, 5~10월(여름), 식물 뿌리(유충). 몸은 황색이고 배 부분은 광택이 나는 구리색을 띤다.

꽃무지과

풀색꽃무지 10~14mm, 3~10월(봄), 꽃가루(성충). 몸은 녹색이고 딱지날개에 흰색 점무늬가 있지만 변이도 다양하다.

꽃무지과

호랑꽃무지 8~13mm, 4~11월(봄), 꽃가루(성충). 몸은 검은색이고 황색 털이 빽빽하며 모습이 호랑이를 많이 닮았다.

잎에서 만나는 곤충 〉딱정벌레목

꽃무지과

넓적꽃무지 🐛 4~7mm, 📅 4~10월(봄), 🍴 꽃가루(성충). 몸은 검은색이고 등판이 넓적하며 나무껍질 속에서 성충으로 월동한다.

검정풍뎅이과

줄우단풍뎅이 🐛 6~8.5mm, 📅 4~10월(여름), 🍴 식물 뿌리(유충). 몸은 황갈색이고 앞가슴등판에 2개의 굵은 세로줄이 있다.

검정풍뎅이과

주황긴다리풍뎅이   기본형   이형(흑갈색)
🐛 7~10mm, 📅 4~9월(여름), 🍴 식물 뿌리(유충). 몸이 황갈색 털로 덮여 있고 꽃을 찾아 날아다니며 풀잎에도 잘 내려앉는다. 털이 벗겨져서 흑갈색처럼 보이는 이형도 있다.

181

잎에서 만나는 곤충 > 딱정벌레목

방아벌레과

기본형   이형(갈색)

대유동방아벌레
🔸 9~12mm. 🔸 4~6월(봄). 🔸 소형 곤충(유충). 몸은 흑갈색이며 붉은색 털로 덮여 있다. 활동하면서 털이 벗겨지면 갈색형 등 다양한 체색 변이가 나타난다.

방아벌레과

녹슨은방아벌레 🔸 12~16mm. 🔸 5~10월(여름). 흰색과 황갈색 털이 얼룩덜룩해서 모습이 쇠가 녹은 것처럼 보인다.

방아벌레과

꼬마방아벌레 🔸 4.5mm 내외. 🔸 4~9월(여름). 몸은 적갈색이고 딱지날개에 검은색 무늬가 있으며 크기가 작아서 이름이 지어졌다.

잎에서 만나는 곤충 〉딱정벌레목

검정빗살방아벌레 🔖 17mm 내외. 🕐 5~7월 (여름). 몸은 검은색이고 더듬이는 톱니 모양이며 잎에 내려앉아 쉬는 모습이 자주 보인다.

크라아츠방아벌레 🔖 8.5~12mm. 🕐 4~5월 (봄). 몸이 검은색으로 가늘고 길며 딱지날개 중앙에 2개의 황색 점무늬가 있다.

관모긴몸방아벌레 🔖 8~10mm. 🕐 5~8월(여름). 몸은 매우 길고 머리와 앞가슴등판은 검은색이며 광택이 있고 딱지날개는 갈색이다.

청동방아벌레 🔖 15mm 내외. 🕐 5~6월(여름). 🍴식물 뿌리, 감자 괴경(유충). 몸은 검은색이고 청동색 광택이 나며 유충은 땅속에서 산다.

잎에서 만나는 곤충 〉딱정벌레목

방아벌레과

왕빗살방아벌레
22~27㎜, 4~6월(여름), 소형 곤충(유충). 몸은 진한 갈색이고 황갈색 점무늬가 많다. 우리나라에 살고 있는 방아벌레류 중에서 가장 크며 밤에 불빛에도 잘 모인다.

방아벌레과

검정테광방아벌레
9~14㎜, 7~8월(여름). 몸은 황갈색이고 앞가슴등판 중앙과 딱지날개 양쪽 끝에 검은색 줄이 있다.

방아벌레과

진홍색방아벌레
10~12㎜, 4~7월(봄). 몸은 검은색이고 딱지날개는 붉은색이며 햇볕이 좋은 봄에 잘 날아다니고 풀잎에 앉는다.

잎에서 만나는 곤충 > 딱정벌레목

비단벌레과

황녹색호리비단벌레 6.5~8mm, 7~8월(여름). 칡. 몸은 녹색이고 가늘며 딱지날개에 검은색 무늬가 있다.

비단벌레과

흰점호리비단벌레 5~8.5mm, 5~9월(여름). 몸은 흑갈색이고 딱지날개에 6개의 흰색 점무늬가 있다.

비단벌레과

버드나무좀비단벌레 3~4mm, 4~5월(봄). 버드나무류. 딱지날개가 흑청색을 띠는 소형 비단벌레로 버드나무 잎에서 보인다.

비단벌레과

얼룩무늬좀비단벌레 3~4mm, 5~6월(봄). 졸참나무, 신갈나무. 황색과 금색, 은백색 털이 빽빽해서 얼룩덜룩해 보인다.

185

잎에서 만나는 곤충 〉딱정벌레목

회황색병대벌레 〈9~11mm, 5~6월(봄). 진딧물, 입벽러레 유충(성충). 몸은 회황색이고 발톱에 혹처럼 생긴 돌기가 있다.

등점목가는병대벌레 10~15mm, 4~6월(봄). 진딧물, 깔따구(성충). 몸은 회황색이고 머리와 앞가슴등판은 적갈색이다.

서울병대벌레 10~13mm, 5~6월(봄). 진딧물(성충). 머리와 앞가슴등판은 주홍색, 딱지날개는 검은색이며 먹이를 사냥한다.

노랑줄어리병대벌레 7~9mm, 4~6월(봄). 진딧물(성충). 몸은 검은색이고 앞가슴등판은 주황색이며 풀밭에 모여 사냥한다.

| 병대벌레과 | 홍반디과 |

연노랑목가는병대벌레 📏7~10㎜, 🕐5~ 6월(봄), 🍴진딧물(성충). 몸은 황색이고 앞가슴 등판과 머리 사이가 매우 가늘다.

살짝수염홍반디 📏9~12㎜, 🕐5~6월(봄). 몸은 검은색이고 딱지날개는 붉은색이며 더듬 이는 빗살 모양이다.

| 홍반디과 | 홍반디과 |

별홍반디 📏5~9㎜, 🕐4~7월(봄). 딱지날개 는 검붉은색이고 더듬이는 톱니 모양이며 풀 밭을 잘 날아다닌다.

고려홍반디 📏4.5~8㎜, 🕐5~9월(여름). 몸 은 연주황색이고 모습이 불빛을 내는 반딧불 이와 많이 닮았다.

잎에서 만나는 곤충 > 딱정벌레목

의병벌레과

노랑무늬의병벌레 🔹5.2~5.8mm, 🕐5~6월(봄), 🔹소형 곤충. 몸은 청록색이고 딱지날개 끝에 황색 무늬가 있으며 사냥을 한다.

의병벌레과

탐라의병벌레 🔹4~5mm, 🕐4~6월(봄), 🔹소형 곤충(성충). 몸은 청람색이고 평지와 야산의 풀밭에서 소형 곤충을 사냥한다.

개미붙이과

개미붙이 🔹7~10mm, 🕐4~8월(여름), 🔹소형 곤충(성충). 딱지날개에 가로로 된 줄무늬가 있고 개미와 닮아서 이름이 지어졌다.

개미붙이과

긴개미붙이 🔹10~12mm, 🕐6~9월(여름), 🔹소형 곤충(성충). 몸은 길쭉하고 머리와 앞가슴 등판은 검은색이며 딱지날개는 황갈색이다.

잎에서 만나는 곤충 〉 딱정벌레목

방아벌레붙이과

방아벌레붙이과

석점박이방아벌레붙이 📏 9.5~16㎜, ⏰ 5~6월(봄). 몸은 청람색이고 앞가슴등판은 붉은색이며 3개의 검은색 점무늬가 있다.

붉은가슴방아벌레붙이 📏 5~6㎜, ⏰ 5~6월(봄). 딱지날개는 남색 광택이 나고 앞가슴등판이 주홍색이어서 이름이 지어졌다.

무당벌레붙이과

가뢰과

무당벌레붙이 📏 4.7~5㎜, ⏰ 3~10월(봄). 🍄 버섯류, 썩은 나무(성충). 모습이 무당벌레와 매우 많이 닮았고 성충으로 월동한다.

황가뢰 📏 9~22㎜, ⏰ 6~8월(여름). 🍴 가위벌류 기생(유충). 몸은 연황색이고 다리 끝 부분만 검은색이며 풀잎과 꽃에 잘 모인다.

잎에서 만나는 곤충 〉 딱정벌레목

수컷   암컷

시베르스하늘소붙이   하늘소붙이과
📏 8~12mm, 📅 4~6월(봄), 🍴 꽃가루(성충). 몸은 암청색이고 앞가슴등판은 붉은색이다. 수컷은 뒷다리의 넓적다리마디가 알통처럼 굵지만 암컷은 얇다.

녹색하늘소붙이   하늘소붙이과   📏 5~7mm, 📅 4~5월(봄), 🍴 꽃가루(성충). 몸은 녹색이고 광택이 있으며 다양한 꽃에 모여 꽃가루를 먹고 산다.

황머리털홍날개   홍날개과   📏 8~12mm, 📅 6~9월(여름), 🍴 썩은 나무(유충). 몸은 검은색이고 딱지날개는 주홍색이며 더듬이는 톱니 모양이다.

성충   유충

홍날개   홍날개과
📏 7~10mm, 📅 3~5월(봄), 🍴 썩은 나무(유충). 머리는 검은색이고 앞가슴등판과 딱지날개는 붉은색이며 초봄에 잘 날아다닌다. 유충은 황색이고 나무껍질 밑에서 월동한다.

잎에서 만나는 곤충 > 딱정벌레목

잎벌레붙이과

큰남색잎벌레붙이 14~19mm, 5~9월(여름), 썩은 나무(유충). 몸은 진한 남색을 띠며 가늘고 긴 회백색 털로 덮여 있다.

잎벌레붙이과

털보잎벌레붙이 6~8mm, 4~8월(여름), 썩은 나무, 버섯류(유충). 몸은 검은색이고 딱지날개는 갈색이며 꽃과 풀잎에 모여든다.

잎벌레붙이과

중국잎벌레붙이 6~8mm, 4~8월(여름), 썩은 나무(유충). 몸은 흑갈색이고 모습이 잎벌레와 닮아서 '잎벌레붙이'라고 불린다.

알꽃벼룩과

알꽃벼룩 4~7mm, 4~8월(여름), 몸은 둥글고 암갈색 또는 황갈색이며 잘 발달된 굵은 뒷다리로 벼룩처럼 잘 튄다.

밑빠진벌레과

네무늬밑빠진벌레
5~7mm, 5~7월(여름), 나뭇진(성충). 몸은 검은색이고 광택이 있으며 기다란 알처럼 둥글다. 딱지날개에는 2쌍의 황적색 무늬가 선명하며 자세한 생태 및 습성은 잘 알려져 있지 않다.

잎에서 만나는 곤충 > 나비목

나비목 > 네발나비과

암컷

수컷

암끝검은표범나비
◎ 64~80mm, ◎ 3~11월(여름), ◎ 제비꽃류(유충). 얼룩덜룩한 날개 무늬가 표범 무늬를 닮았다. 암컷은 앞날개 윗면 끝 부분이 검은색을 띠고 있어 수컷과 다르게 보인다.

잎에서 만나는 곤충 > 나비목

네발나비과

은줄표범나비 🔹 58~68mm, 🕐 5~10월(가을), 🍃 흰털제비꽃, 제비꽃류(유충). 날개 무늬가 표범처럼 얼룩덜룩하고 유충으로 월동한다. 체온을 높이기 위해 풀잎이나 산길에 내려앉아 햇볕을 쬔다.

네발나비과

네발나비과

큰멋쟁이나비 🔹 47~65mm, 🕐 3~11월(가을), 🍃 느릅나무, 거북꼬리, 왕모시풀(유충). 숲을 민첩하게 날아다니며 좀벌류 등이 천적이다.

네발나비 🔹 41~55mm, 🕐 3~11월(봄), 🍃 환삼덩굴, 삼(유충). 들판과 하천 등의 잎에 잘 내려앉고 환삼덩굴에 알을 낳는다.

193

잎에서 만나는 곤충 〉 나비목

홍점알락나비   ⬙ 69~92mm, ⏱ 5~9월(여름), 🌿 팽나무, 풍게나무(유충), 나무 사이를 빠르게 날아다니고 유충으로 월동한다.

뿔나비   ⬙ 32~47mm, ⏱ 3~11월(봄), 🌿 팽나무, 풍게나무(유충), 주둥이가 뿔처럼 길게 튀어나와서 '뿔나비'라고 이름이 시이졌다.

애기세줄나비   ⬙ 45~55mm, ⏱ 5~9월(여름), 🌿 싸리, 칡, 비수리, 벽오동(유충), 잎에 잘 내려앉고 줄나비류 중에서 가장 작고 흔하다.

제이줄나비   ⬙ 40~60mm, ⏱ 5~9월(여름), 🌿 괴불나무, 인동, 병꽃나무(유충), 산초나무 등의 꽃과 계곡의 습한 곳, 배설물에 잘 모인다.

잎에서 만나는 곤충 〉나비목

굴뚝나비 🦋 50~71mm, 🕐 6~9월(여름), 🌿 참억새, 새포아풀(유충). 날개에 눈알 무늬가 있고 풀밭 사이를 쉴 새 없이 빠르게 날아다닌다.

황알락그늘나비 🦋 47~60mm, 🕐 6~9월(여름), 🌿 벼류, 잡초(유충). 날개에 눈알 무늬가 7쌍 있고 참나무 진에 잘 모인다.

부처나비 🦋 37~48mm, 🕐 4~10월(여름), 🌿 벼, 억새, 바랭이, 주름조개풀(유충). 날개에 크고 작은 눈알 무늬로 천적을 놀라게해서 도망친다.

부처사촌나비 🦋 38~47mm, 🕐 5~8월(여름), 🌿 실새풀, 참억새, 바랭이(유충). 부처나비와 모습이 매우 비슷해서 이름이 지어졌다.

잎에서 만나는 곤충 〉 나비목

부전나비과

귤빛부전나비 34~37mm, 5~7월(여름), 상수리나무, 떡갈나무, 갈참나무(유충). 날개는 귤색이고 풀잎에 잘 내려앉으며 알로 월동한다.

부전나비과

시가도귤빛부전나비 33~36mm, 6~7월(여름), 떡갈나무, 갈참나무(유충). 날개에 검은색 점무늬가 매우 많고 알로 월동한다.

부전나비과

산녹색부전나비 31~37mm, 6~8월(여름), 참나무류(유충). 수컷의 날개 윗면은 청록색 광택이 나지만 암컷은 흑갈색이다.

부전나비과

검정녹색부전나비 32~37mm, 6~8월(여름), 굴참나무, 상수리나무(유충). 수컷의 날개는 황록색이고 참나무 숲에 살며 알로 월동한다.

잎에서 만나는 곤충〉나비목

부전나비과

날개 아랫면 / 날개 윗면

작은주홍부전나비
🦋 26~34mm, ⏱ 4~10월(여름), 🌿 애기수영, 소리쟁이(유충). 날개 빛깔이 주홍색으로 매우 예쁘며 풀잎에 잘 내려앉는다. 다양한 꽃에서 꿀을 빨며 유충으로 월동한다.

부전나비과

날개 아랫면 / 날개 윗면

암먹부전나비
🦋 17~28mm, ⏱ 3~10월(여름), 🌿 매듭풀, 갈퀴나물(유충). 풀밭 사이를 활발하게 날아다니며 풀잎에 자주 내려앉는다. 날개를 반쯤 펴고 햇볕을 쬐며 번데기로 월동한다.

197

잎에서 만나는 곤충 〉 나비목

부전나비과

담색긴꼬리부전나비 🔖 26~28mm, 🕐 6~8월(여름), 🍃 갈참나무, 떡갈나무, 신갈나무(유충). 참나무 숲 주변에 살며 오후 3시 이후에 활발하게 난다.

부전나비과

물빛긴꼬리부전나비 🔖 23~31mm, 🕐 6~8월(여름), 🍃 상수리나무, 졸참나무, 굴참나무(유충). 날개 아랫면에 흑갈색 띠무늬가 있고 한낮에는 쉰다.

부전나비과

남방부전나비 🔖 17~28mm, 🕐 4~11월(여름), 🍃 괭이밥(유충). 날개 윗면은 청람색. 아랫면은 회갈색이며 다양한 꽃에 모인다.

흰나비과

기생나비 🔖 40~50mm, 🕐 3~9월(여름), 🍃 갈퀴나물(유충). 날개는 흰색이고 꿀풀 등의 꽃에 모여 꿀을 빨며 번데기로 월동한다.

잎에서 만나는 곤충 > 나비목

흰나비과

배추흰나비 성충 유충
🦋 39~52mm, 🕐 3~11월(봄), 🌿 배추, 무, 양배추, 냉이, 갓(유충). 날개 윗면은 흰색이고 아랫면은 황색을 띠며 번데기는 기생벌에게 기생당한다. 유충은 풀색이고 털이 빽빽하다.

흰나비과

큰줄흰나비 성충 유충
🦋 41~55mm, 🕐 4~10월(봄), 🌿 배추, 무, 냉이, 갓, 속속이풀(유충). 흰색 날개에 줄무늬가 뚜렷하며 숲 가장자리를 잘 날아다닌다. 유충은 녹색이고 점무늬가 많다.

199

잎에서 만나는 곤충 〉 나비목

흰나비과

수컷 암컷(흰색형)

노랑나비
∥ 38~50㎜, ⏱ 3~11월(여름), 🌿 자운영, 벌노랑이, 비수리, 싸리(유충). 날개는 황색이고 풀밭에 핀 꽃에 모여 꿀을 빤다. 수컷은 황색형 암컷과 흰색형 암컷 중에서 황색형을 좋아한다.

흰나비과

팔랑나비과

남방노랑나비 ∥ 32~47㎜, ⏱ 5~11월(여름), 🌿 비수리, 자귀나무, 차풀(유충). 날개는 밝은 황색으로 끝 부분에 검은색 무늬가 있다.

왕자팔랑나비 ∥ 33~38㎜, ⏱ 5~9월(여름), 🌿 마, 단풍마, 참마(유충). 갈색 날개에 흰색 점무늬가 있고 날개를 펴고 내려앉는다.

잎에서 만나는 곤충 > 나비목

팔랑나비과

날개 아랫면 | 날개 윗면

줄점팔랑나비
🦋 33~40mm. 🕐 5~11월(여름). 🌿 참억새, 강아지풀, 벼(유충). 갈색 날개에 흰색 점무늬가 줄지어 있고 유충으로 월동한다. 머리가 크고 몸이 굵어서 나방처럼 보인다.

팔랑나비과

황알락팔랑나비 🦋 24~30mm. 🕐 6~8월(여름). 🌿 참억새, 큰기름새(유충). 날개는 얼룩덜룩하고 개망초와 갈퀴나물 등의 꿀을 빤다.

팔랑나비과

줄꼬마팔랑나비 🦋 26~30mm. 🕐 6~8월(여름). 🌿 갈풀, 강아지풀(유충). 주홍색 날개에 흑갈색 줄무늬가 있고 풀잎에 잘 앉는다.

잎에서 만나는 곤충 〉 나비목

팔랑나비과

암컷

수컷  　　　유충

멧팔랑나비
🦋 31~39㎜. 📅 3~6월(봄). 🌿 떡갈나무, 졸참나무(유충). 팔랑거리며 참나무 숲 주변을 빠르게 날아다닌다. 암컷은 수컷보다 크고 앞날개 중앙에 흰색 띠가 뚜렷하다.

잎에서 만나는 곤충 〉 나비목

호랑나비과

애호랑나비
◐ 39~49mm. ◐ 3~6월(봄). ◐ 족도리, 개족도리(유충). 호랑이 줄무늬를 연상시키는 호랑나비 류 중에서 크기가 가장 작다. 기온이 낮은 날에는 풀잎에 앉아 햇볕을 쪼인다.

호랑나비과

날개 윗면   날개 아랫면

모시나비
◐ 43~60mm. ◐ 5~6월(봄). ◐ 왜현호색, 산괴불주머니, 현호색(유충). 날개 빛깔이 고운 모시 한복을 입은 것처럼 보인다. 날개에 비늘가루가 없어서 만져도 아무것도 묻지 않는다.

203

잎에서 만나는 곤충 〉 나비목

호랑나비과

성충

유충(3령) 유충(종령)

제비나비
/ 85~120mm, ⏲ 4~9월(봄), ⊕ 산초나무, 황벽나무, 상산(유충). 꼬리돌기가 길고 몸집이 커서 제비를 연상시킨다. 유충은 4령 이후가 되면 녹색으로 바뀐다.

잎에서 만나는 곤충 〉 나비목

호랑나비과

날개 윗면   날개 아랫면

산제비나비

63~118mm. 4~9월(봄). 머귀나무, 황벽나무(유충). 힘이 좋아서 계곡이나 산꼭대기를 잘 날아다닌다. 철쭉과 자귀나무 등의 꿀을 빨고 땅에 앉아 물을 먹는다.

호랑나비과

날개 윗면   날개 아랫면

긴꼬리제비나비

60~120mm. 4~9월(봄). 산초나무, 초피나무, 머귀나무(유충). 산지의 숲 가장자리를 빠르게 날아다니며 꿀을 빤다. 제비나비류 중에서 꼬리돌기가 가장 길며 번데기로 월동한다.

205

노란줄긴수염나방 ✎ 14~17mm. ⏱ 5~7월(여름). 날개 윗부분은 황색, 아랫부분은 진한 보라색이며 중앙에 흰색 줄무늬가 뚜렷하다.

큰자루긴수염나방 ✎ 18~20mm. ⏱ 5~7월(여름). 몸은 진한 황색이고 남색 줄무늬가 많으며 수컷의 더듬이는 몸 길이의 4배나 된다.

그물무늬긴수염나방 ✎ 19~21mm. ⏱ 4~5월(봄). 몸은 어두운 회황색이고 흰색의 더듬이는 몸 길이의 2배나 될 정도로 길다.

붉은꼬마꼭지나방 ✎ 5.5mm 내외. ⏱ 4~6월(봄). 앞날개는 붉은색이고 더듬이는 침 모양으로 날카로우며 풀잎에 잘 내려앉는다.

잎에서 만나는 곤충 > 나비목

유리나방과

복숭아유리나방 📏 25~30㎜, 🕒 6~8월(여름), 🌿 복숭아, 벚나무(유충). 모습이 벌과 닮아서 천적으로부터 자신을 보호한다.

유리나방과

애기유리나방 📏 16~20㎜, 🕒 5~8월(여름), 🌿 감나무, 배나무(유충). 몸은 원통형이고 배마디에 3개의 황색 줄무늬가 있다.

주머니나방과

유리주머니나방 📏 18~21㎜, 🕒 5~9월(여름), 🌿 각종 식물(유충). 유충은 도롱이 모양의 집에서 살며 집이 남방차주머니나방의 집보다 훨씬 더 얇다.

주머니나방과

남방차주머니나방 📏 27~35㎜, 🕒 5~8월(여름), 🌿 벚나무, 밤나무, 편백(유충). 암컷 유충은 도롱이 속에서 번데기가 된다.

여덟무늬알락나방 🦋 19~22mm, 🕐 6~7월(여름), 🌿 갈대, 억새(유충). 몸은 검은색이고 날개에 8개의 황색 무늬가 있다.

사과알락나방 🦋 26~30mm, 🕐 6~7월(여름), 🌿 사과나무, 배나무(유충). 몸과 날개는 연한 검은색이고 낮에 활발하게 날아다닌다.

굴뚝알락나방 🦋 10~12mm, 🕐 5~6월(여름). 몸은 검은색이고 날개에 무늬가 없으며 수컷의 더듬이는 빗살 모양, 암컷은 실 모양이다.

두점애기비단나방 🦋 11~14mm, 🕐 6~7월(여름), 🌿 명아주(유충). 앞날개에 2개의 황색 타원형 무늬가 있고 번데기로 월동한다.

잎에서 만나는 곤충 > 나비목

깜둥이창나방 🦋 16~18mm, 🕐 5~8월(여름). 검은색 날개에 흰색 점무늬가 많고 낮에 활발하게 날아다니며 연 2회 출현한다.

상수리창나방 🦋 16~21mm, 🕐 4~8월(여름), 🌿 상수리나무, 밤나무(유충). 날개는 연갈색이고 낮에 나뭇잎 위에 잘 내려앉는다.

포도애털날개나방 🦋 18~20mm, 🕐 6~9월(여름), 🌿 포도, 개머루(유충). 날개는 갈색이고 가늘게 갈라진 뒷날개가 털처럼 보인다.

흑점쌍꼬리나방 🦋 27mm 내외, 🕐 5~8월(여름). 날개는 갈색이고 가장자리가 톱니 모양이며 앞날개 아래에 점무늬가 있다.

209

잎에서 만나는 곤충 〉 나비목

감나무잎말이나방 〽20~25mm, ⏱4~5월(봄). 🍃사과나무, 배나무(유충). 날개는 연주황색이고 다양한 나뭇잎에 잘 내려앉는다.

흰꼬리잎말이나방 〽20~24mm, ⏱5~6월(봄). 🍃사과나무, 감나무, 졸참나무(유충). 날개는 연갈색이고 갈색 얼룩무늬가 있다.

흰머리잎말이나방 〽17~23mm, ⏱5~10월(여름). 🍃사과나무, 느릅나무, 버드나무류(유충). 날개는 황갈색이고 연황색 줄무늬가 있다.

꼬마홀쭉잎말이나방 〽13~17mm, ⏱5~9월(여름). 날개는 황갈색이고 양쪽 날개의 갈색 무늬가 V자 모양으로 연결되어 있다.

네줄애기잎말이나방
〽11~15mm, ⏱4~8월(여름). 🍃환삼덩굴, 대마(유충). 흑갈색 앞날개에 톱니 모양의 줄무늬가 4개 있다. 성충은 낮에 환삼덩굴 주위를 잘 날아다닌다.

잎에서 만나는 곤충 〉 나비목

사과잎말이나방 성충 유충

📏 19~34mm. 📅 5~9월(여름). 🍃 사과나무, 배나무(유충). 과수원의 주요 해충으로 연 3회 발생한다. 유충은 몸이 길고 연녹색이며 머리와 앞가슴등판은 갈색이다.

큰사과잎말이나방 📏 18~35mm. 📅 5~9월(여름). 🍃 배나무, 사과나무(유충). 날개는 연갈색이고 잎을 말아서 갉아 먹는다.

낙타등잎말이나방 📏 16~26mm. 📅 5~6월(봄). 🍃 당단풍나무, 신갈나무(유충). 날개는 갈색이고 얼룩덜룩한 점무늬가 많으며 앞날개 가장자리에 털이 나 있다.

잎에서 만나는 곤충 > 나비목

명나방과

풀명나방과

화랑곡나방 📏 12~18mm, ⏱ 5~9월(여름), 🍴 쌀, 콩(유충). 앞날개 윗부분은 흰색, 아랫부분은 갈색이며 유충은 저장 곡물 해충이다.

흰띠명나방 📏 20~24mm, ⏱ 5~10월(여름), 🍴 맨드라미, 시금치(유충). 날개는 흑갈색이고 날개 중앙에 흰색 띠무늬가 있다.

풀명나방과

풀명나방과

연보라들명나방 📏 15~20mm, ⏱ 5~8월(여름), 🍴 참나무류, 자작나무류, 개암나무(유충). 날개는 연보라색이고 앞날개 윗부분은 흰색을 띤다.

분홍무늬들명나방 📏 32~36mm, ⏱ 5~8월(여름), 🍴 마디풀류(유충). 앞날개는 연황색이고 분홍색 띠무늬가 뚜렷하다.

잎에서 만나는 곤충 〉 **나비목**

풀명나방과

그림날개나방과

등심무늬들명나방 🗡25~27mm, 🕗8~9월(여름), 🍴콩과, 마디풀류(유충). 날개는 황갈색이고 눈 모양의 흑갈색 무늬가 있다.

창포그림날개나방 🗡15~19mm, 🕗5~8월(여름), 🍴창포(유충). 앞날개 윗부분은 청람색, 아랫부분은 주황색이며 은백색 무늬가 있다.

자나방과

자나방과

별박이자나방 🗡32~47mm, 🕗6~7월(여름), 🍴광나무, 물푸레나무, 쥐똥나무(유충). 흰색 날개에 검은색 점무늬가 많고 유충으로 월동한다.

네눈은빛애기자나방 🗡28~42mm, 🕗6~8월(여름). 몸과 날개는 흰색이고 날개에 4개의 크고 둥근 고리 모양의 회갈색 무늬가 있다.

213

잎에서 만나는 곤충 > 나비목

자나방과

붉은다리푸른자나방　19~24㎜, 6~8월(여름). 날개는 연녹색이고 흰색 줄무늬가 있으며 앞다리는 붉은색을 띤다.

자나방과

배노랑물결자나방　38~46㎜, 8월(여름). 담쟁이덩굴(유충). 날개는 흰색이고 물결 모양의 검은색 줄무늬가 있다. 뒷날개 끝은 황색을 띤다.

자나방과

앞노랑애기자나방　25~29㎜, 5~8월(여름). 산딸기, 누리장나무(유충). 날개는 연갈색이고 날개 전체에 줄무늬와 점무늬가 매우 많다.

자나방과

홍띠애기자나방　22㎜ 내외, 5~8월(여름). 소리쟁이(유충). 날개는 갈색이고 중앙에 붉은색 가로띠무늬가 뚜렷하다.

잎에서 만나는 곤충 〉 나비목

넓은홍띠애기자나방 📏 33mm 내외, 🕐 5~9월(여름), 🌿 마디풀류(유충). 날개 중앙에 붉은색 가로띠무늬가 있고 회색 점무늬도 많다.

붉은날개애기자나방 📏 23mm 내외, 🕐 6~8월(여름), 🌿 며느리배꼽, 소리쟁이(유충). 날개 중앙의 붉은색 무늬가 날개 가장자리를 따라 이어진다.

흰애기물결자나방 📏 20mm 내외, 🕐 6~7월(여름). 몸과 날개는 흰색이고 날개에 물결 모양의 연황색 줄무늬가 가득하다.

우수리가지나방 📏 54~74mm, 🕐 5~8월(여름), 🌿 참나무류(유충). 몸은 연갈색이고 모습이 낙엽과 매우 비슷해서 눈에 잘 띄지 않는다.

잎에서 만나는 곤충 〉 나비목

각시얼룩가지나방 ⬚ 32~36㎜, ⬚ 6~8월(여름). ⬚ 노박덩굴(유충). 날개는 흰색이고 황갈색 점무늬가 많으며 유충은 배다리가 없는 자벌레이다.

노랑띠알락가지나방 ⬚ 50~58㎜, ⬚ 6~8월(여름). ⬚ 명자나무, 개느삼, 섬딸기(유충). 흰색 날개에 귤색과 회백색 점무늬가 매우 많다.

뒷노랑점가지나방 ⬚ 40~48㎜, ⬚ 5~8월(여름). ⬚ 진달래, 철쭉(유충). 황색 뒷날개에 검은색 점무늬가 많이 있어서 이름이 지어졌다.

날개물결가지나방 ⬚ 27~36㎜, ⬚ 5~8월(여름). ⬚ 갈참나무, 버드나무(유충). 날개 전체에 물결무늬가 있고 연 2~3회 출현한다.

잎에서 만나는 곤충 〉 나비목

뿔무늬큰가지나방 📏 48~56mm, 🕐 5~8월 (여름), 🌿 개암나무, 밤나무, 버드나무(유충). 날개는 갈색이고 중앙에 검은색 줄무늬가 있다.

먹세줄흰가지나방 📏 35mm 내외, 🕐 7~10월 (여름), 🌿 쪽동백나무, 때죽나무(유충). 흰색 날개에 3개의 비스듬한 암갈색 줄무늬가 있다.

참나무갈고리나방 📏 27~35mm, 🕐 5~9월 (여름), 🌿 참나무류(유충). 날개는 황갈색이고 날개 끝 부분이 갈고리처럼 휘어져 있다.

황줄점갈고리나방 📏 25~37mm, 🕐 5~9월(여름), 🌿 참나무류(유충). 날개는 연회색이고 2개의 갈색 가로줄무늬가 있다.

잎에서 만나는 곤충 > 나비목

왕갈고리나방과

왕갈고리나방
📏 50~64mm, 📅 5~9월(여름), 🌿 박쥐나무(유충). 흰색 날개에 회갈색 무늬가 많아서 얼룩덜룩해 보인다. 낮에는 그늘진 곳을 천천히 날아다니고 밤에는 불빛에 날아온다.

불나방과

흰무늬왕불나방
📏 75~85mm, 📅 5~8월(여름), 🌿 여뀌, 고마리(유충). 앞날개는 검은색이며 흰색과 황색의 점무늬가 있다. 뒷날개는 주황색 바탕에 검은색 점무늬가 있다. 낮에는 꿀을 빨고 밤에는 불빛에 잘 모인다.

잎에서 만나는 곤충 〉 나비목

점박이불나방 🦋 42~47㎜, 🕐 6~8월(여름), 🌿 참나무류(유충). 날개는 회백색이고 검은색 점무늬가 매우 많다.

줄점불나방 🦋 38~44㎜, 🕐 5~8월(여름), 🌿 버드나무, 벚나무, 여뀌(유충). 날개는 황회색이고 검은색 점무늬가 줄지어 있다.

금빛노랑불나방 🦋 20~24㎜, 🕐 5~8월(여름), 🌿 지의류(유충). 날개는 전체가 황색이고 다리는 검은색이며 풀잎에 앉아 쉰다.

노랑테불나방 🦋 39㎜ 내외, 🕐 5~9월(여름), 🌿 지의류(유충). 날개는 회갈색 또는 갈색이고 몸 전체에 황색 테두리가 있다.

219

밤나방과

흰무늬박이뒷날개나방
📏 61mm 내외, 📅 7~8월(여름), 🌿 상수리나무, 신갈나무(유충). 앞날개는 흑갈색이고 뒷날개에 커다란 흰색 점무늬가 있다. 상수리나무 숲 주변을 날아다니며 생활한다.

밤나방과

꼬마노랑뒷날개나방
📏 50mm 내외, 📅 7~8월(여름), 🌿 갈참나무(유충). 앞날개는 나무 빛깔과 비슷하지만 뒷날개는 주홍색이서 눈에 잘 띈다. 밤에 불빛에도 매우 잘 날아온다.

잎에서 만나는 곤충〉나비목

구름무늬밤나방 🗡40mm 내외. ⏱5~8월(여름). 🍽돌콩, 싸리, 아까시나무(유충). 갈색 날개 중앙의 띠무늬가 구름을 연상시킨다.

밤나방과

애기얼룩나방 🗡40~46mm. ⏱5~8월(여름). 🍽머루(유충). 검은색 날개에 흰색 점무늬가 많고 낮에 잘 활동한다.

밤나방과

세줄무늬수염나방 🗡27mm 내외. ⏱5~8월(여름). 🍽콩류(유충). 몸과 날개는 황갈색이고 구불구불한 진한 갈색 가로 무늬가 있다.

애기나방과

노랑애기나방 🗡31~42mm. ⏱7~8월(여름). 🍽꽃꿀. 뚱뚱한 황색 몸에 검은색 줄무늬가 있으며 낮에 활동하는 주행성 나방이다.

잎에서 만나는 곤충 > 나비목

누에나방과

성충

유충(누에)   누에고치

누에나방
✎ 44~50㎜. ◐ 5~11월(여름). 🍃 뽕나무(유충). 몸과 날개는 회백색이고 더듬이는 빗살 모양이다. 누에는 뽕잎을 먹고 자라서 고치가 되고, 고치에서 실을 뽑아 비단을 만든다.

박각시과

줄박각시
📏 55~69㎜. ⏱ 5~8월(여름). 🌿 토란, 담쟁이덩굴, 큰달맞이꽃(유충). 몸은 원통형이고 날개에 비해 매우 뚱뚱하다. 날개에 황백색 줄무늬가 선명하고 배 등면에 흰색 줄이 있다.

박각시과

주홍박각시
📏 57~63㎜. ⏱ 5~9월(여름). 🌿 털부처꽃, 봉선화, 물봉선(유충). 몸과 날개가 주홍색을 띠고 있다. 낮에는 풀숲에서 쉬고 밤이 되면 활동을 하며 불빛에도 잘 날아온다.

잎에서 만나는 곤충 〉 노린재목

노린재목 〉 노린재과

성충

이형(연갈색)

약충

알락수염노린재

10~14㎜, 3~11월(여름), 콩류, 국화류, 십자화류, 벼류. 몸은 황갈색 또는 적갈색이고 더듬이는 검은색과 황갈색 띠무늬가 교대로 나타난다. 약충은 몸이 둥글고 흑갈색이다.

잎에서 만나는 곤충 > 노린재목

노린재과

성충(봄형)	이형(가을형)
약충 ①	약충 ②

썩덩나무노린재
✎ 13~18mm, ⏱ 3~11월(가을), 🌿 각종 식물, 과일나무. 몸은 진갈색이고 봄형과 가을형이 나타난다. 약충도 두 가지 형태가 나타나며 숲과 들판, 마을에서 보이는 대표적인 노린재이다.

잎에서 만나는 곤충 〉 노린재목

노린재과

성충 | 이형
약충 ① | 약충 ②

풀색노린재
/ 12~16mm. ⏱ 3~11월(여름). 🍃 콩류, 과일나무, 각종 식물. 몸은 녹색이지만 머리와 앞가슴등판에 연황색 띠무늬가 있는 이형도 있다. 약충은 배 등면에 알록달록한 무늬가 있다.

잎에서 만나는 곤충 〉 노린재목

노린재과

성충

약충 ①

약충 ②

북방풀노린재

✐ 12~16mm. 📅 5~11월(여름). 🌱 벚나무, 배나무. 몸은 진녹색이고 앞날개 막질부가 갈색이어서 풀색노린재와 구별된다. 약충은 자라면서 무늬와 빛깔이 달라진다.

잎에서 만나는 곤충 〉 노린재목

노린재과

성충  / 약충

가시노린재

✐ 8~10mm. ⏱ 5~10월(여름). 🍴 국화류, 미나리류, 장미류. 몸은 갈색이고 구리색의 광택이 나며 앞가슴등판 어깨의 돌기가 가시처럼 뾰족하다. 약충은 연갈색이고 날개가 없어 날지 못한다.

노린재과

성충  / 약충

깜보라노린재

✐ 7~10mm. ⏱ 4~11월(여름). 🍴 상수리나무, 감나무. 몸은 검은색이고 보라색 광택이 나며 작은 방패판 끝에 흰색 점이 있다. 약충은 배 부분에 보라색 광택이 난다.

잎에서 만나는 곤충 > 노린재목

노린재과

노린재과

무시바노린재 🔗 8~9mm. 🕐 5~11월(가을).
🌿 참나무류. 몸은 적갈색이고 앞가슴등판과
작은방패판에 점무늬가 있다.

스코트노린재 🔗 9~11mm. 🕐 5~11월(여름).
🌿 활엽수. 몸은 암갈색이고 금속광택을 띠며
앞날개 막질 부분이 길어서 배 끝을 넘는다.

노린재과

노린재과

애기노린재 🔗 6~8mm. 🕐 5~10월(여름). 🌿 쑥나
물, 달맞이꽃. 몸은 갈색이고 검은색 점무늬가 있으
며 배 가장자리 부분이 커튼 레이스처럼 보인다.

나비노린재 🔗 8mm 내외. 🕐 4~10월(여름).
🌿 매자기. 몸은 갈색이고 머리부터 작은방패
판까지 연황색 세로줄무늬가 있다.

잎에서 만나는 곤충 > 노린재목

노린재과

성충　　　　　　　　　　　　　　　약충

북쪽비단노린재
6~9mm. 3~10월(여름). 배추, 콩, 밀, 냉이. 몸을 거꾸로 보면 모습이 할아버지 얼굴처럼 보인다. 약충의 몸은 타원형이고 아직 날개가 없어 날지 못한다.

노린재과

성충　　　　　　　　　　　　　　　약충

홍비단노린재
6~8mm. 3~10월(여름). 배추, 무, 냉이. 붉은색 줄무늬가 매우 화려해서 '각시비단노린재'라고 불렸다. 약충은 북쪽비단노린재의 약충보다 주황색이 더 많다.

잎에서 만나는 곤충 > 노린재목

노린재과

성충 　　　　　　　　　　　　　　　약충

메추리노린재
8~10mm. 3~11월(여름). 콩, 보리, 호밀. 몸은 연갈색이고 광택이 있으며 삼각형의 머리가 메추리를 닮았다. 약충은 날개가 덜 발달되었을 뿐 성충과 모습이 비슷하다.

노린재과

성충 　　　　　　　　　　　　　　　약충

갈색날개노린재
10~12mm. 3~11월(여름). 과일나무, 각종 식물. 감과 배, 복숭아 등의 즙을 빨아 먹어서 과일나무에 질병을 일으킨다. 약충은 둥글고 연녹색을 띤다.

잎에서 만나는 곤충 > 노린재목

노린재과

얼룩대장노린재 🖉 21mm 내외. 🕘 4~10월(가을). 🌳 참나무류. 몸은 회갈색이고 불규칙한 검은색 점무늬가 많다.

노린재과

제주노린재 🖉 17~19mm. 🕘 7~10월(여름). 🌳 느티나무. 몸은 적갈색이고 앞가슴등판 앞부분과 배 양옆이 황록색이다.

노린재과

다리무늬두흰점노린재 🖉 17~20mm. 🕘 3~9월(여름). 몸은 진갈색이고 작은방패판 양쪽에 황갈색 점무늬가 있다.

노린재과

네점박이노린재 🖉 12~14mm. 🕘 4~11월(가을). 🌳 감나무, 칡. 몸은 갈색이고 앞가슴등판 앞부분에 4개의 황백색 점무늬가 있다.

잎에서 만나는 곤충 〉노린재목

먹노린재 📏 8~10mm. 🕐 6~10월(여름). 🌿 벼, 줄, 갈대. 몸은 검은색이고 성충과 약충 모두 벼에서만 사는 벼의 대표적인 해충이다.

갈색큰먹노린재 📏 8~10mm. 🕐 5~11월(여름). 🌿 식물 뿌리, 그루터기. 몸은 흑갈색이고 앞가슴등판 양쪽 어깨 부분에 뿔처럼 가시가 있다.

가시점둥글노린재 📏 4~7mm. 🕐 3~10월(여름). 🌿 강아지풀, 뚝새풀. 몸은 갈색이고 앞가슴등판 양쪽에 뾰족한 가시돌기가 있다.

점박이둥글노린재 📏 4~6mm. 🕐 4~10월(여름). 🌿 벼류, 마디풀류. 몸은 흑갈색이고 작은방패판에 2개의 흰색 점무늬가 있다.

배둥글노린재 📏 5~7mm. 🕐 4~10월(여름). 🌿 감나무, 강아지풀. 몸은 연갈색이고 작은방패판에 2개의 황백색 점무늬가 있다.

둥글노린재 📏 5~6mm. 🕐 3~10월(여름). 몸은 언한 황갈색을 띠고 작은방패판 윗부분에 보랏빛이 도는 검은색 삼각형 무늬가 있다.

잎에서 만나는 곤충 > 노린재목

느티나무노린재 🔲 11mm 내외. ⏱ 4~10월(가을). 🌿 느티나무, 느릅나무. 몸은 회갈색이고 황갈색 점무늬가 흩어져 있어서 얼룩덜룩해 보인다.

홍나리주둥이노린재 🔲 14~18mm. ⏱ 4~10월(여름). 🌿 곤충. 몸은 밤길색이고 적갈색이고 다리는 붉은색을 띤다.

우리갈색주둥이노린재 🔲 13~14mm. ⏱ 4~11월(여름). 🌿 곤충. 몸은 밝은 갈색이고 앞가슴등판에 황색 돌기가 있다.

갈색주둥이노린재 🔲 11~14mm. ⏱ 4~10월(여름). 🌿 곤충, 소형 절지동물. 몸은 갈색이고 배 가장자리에 붉은색과 갈색의 무늬가 있다.

잎에서 만나는 곤충 > 노린재목

노린재과

성충 / 약충

왕주둥이노린재
📏 18~23㎜, 🕐 4~10월(여름), 🍃 나비류 유충. 몸은 녹색 또는 갈색이고 광택이 나며 작은방패판이 매우 길쭉하다. 약충의 머리와 가슴은 적동색이며 배 등면은 흰색을 띤다.

노린재과

성충 / 약충

남색주둥이노린재
📏 6~8㎜, 🕐 3~9월(여름), 🍃 나방류 유충, 잎벌레류 유충. 몸은 청람색이고 광택이 나며 산과 들의 풀밭에 산다. 약충은 무리 지어 잘 모이며 머리와 가슴은 녹색, 배는 붉은색을 띤다.

235

잎에서 만나는 곤충〉노린재목

노린재과

억새노린재과

주둥이노린재 🗡 12~16mm. ☀ 3~11월(여름). 🍃 나비류 유충. 몸은 갈색 또는 암갈색이고 작은방패판 양 끝에 황색 점무늬가 있다.

억새노린재 🗡 14~19mm. ☀ 4~10월(여름). 🍃 벼류. 몸은 황갈색이고 성충으로 월동인 후 억새 등에 알을 낳는다.

허리노린재과

수컷   암컷

장수허리노린재
🗡 18~24mm. ☀ 5~10월(봄). 🍃 족제비싸리, 싸리, 비수리. 몸은 암갈색이고 몸집이 큰 대형 노린재이다. 수컷은 뒷다리의 넓적다리마디가 크게 부풀었지만 암컷은 약간 두툼하다.

잎에서 만나는 곤충 〉 노린재목

허리노린재과

성충　　　　　　　　　　　　　약충

우리가시허리노린재
9~13㎜, 4~11월(여름), 벼류, 마디풀류, 여뀌류. 몸은 진갈색이고 양쪽 어깨 부분이 가시처럼 뾰족하다. 풀즙을 빨기 위해 활발하게 움직이지만 약충은 아직 날개가 없다.

허리노린재과

성충　　　　　　　　　　　　　약충

시골가시허리노린재
9~11㎜, 4~11월(여름), 벼류, 마디풀류. 몸은 황갈색 또는 암갈색이고 모습이 우리가시허리노린재와 비슷하다. 성충과 약충 모두 벼과 식물 등에 모여 즙을 빤다.

잎에서 만나는 곤충〉노린재목

허리노린재과

약충 ①    약충 ②

큰허리노린재
📏 18~25mm, 🕒 4~11월(봄), 🌿 산딸기, 줄딸기, 엉겅퀴, 머위, 양지꽃. 몸은 진갈색이고 광택이 없으며 풀 줄기에 잘 매달려 있다. 약충은 허물벗기를 하면서 모습이 조금씩 달라진다.

잎에서 만나는 곤충 > 노린재목

허리노린재과

넓적배허리노린재 성충 약충

11~15mm, 4~10월(여름), 칡, 콩, 등나무, 감나무. 몸은 황갈색이고 배 부분이 매우 넓적해서 이름이 지어졌다. 약충은 몸 빛깔이 녹색이지만 모습이 성충과 닮았다.

허리노린재과

떼허리노린재 암컷 수컷(왼쪽 위의 작은 개체)

8~12mm, 3~10월(봄), 장미류, 국화류, 마디풀류. 몸은 암갈색이고 식물에 떼를 지어 모여 먹이도 먹고 짝짓기도 한다. 암컷은 수컷에 비해 몸집과 배가 더 크다.

잎에서 만나는 곤충 〉 노린재목

두점배허리노린재 🖋 12~16mm. 🕐 4~10월 (여름). 🍽 칡, 콩. 앞날개 중앙에 2개의 검은색 점이 있다.

노랑배허리노린재 🖋 10~16mm. 🕐 4~12월 (가을). 🍽 사철나무, 화살나무, 참빗살나무. 몸은 진갈색, 검은색이고 배 부분이 황색을 띤다.

애허리노린재 🖋 8~11mm. 🕐 3~10월(여름). 🍽 장미류, 국화류, 마디풀류. 몸은 암갈색이고 앞날개가 짧아서 배 끝을 덮지 못한다.

꽈리허리노린재 🖋 10~14mm. 🕐 5~10월(여름). 🍽 꽈리, 메꽃. 몸은 암갈색이고 감자와 가지, 토마토 등의 즙을 빨아 먹는다.

잎에서 만나는 곤충 > 노린재목

호리허리노린재과

성충

약충 ①  약충 ②

톱다리개미허리노린재
⌀ 14~17㎜, ⏱ 1~12월(가을), 🍴 콩류, 벼류, 과일나무. 몸은 진갈색이고 다리에 톱니 모양의 가시가 있으며 허리는 개미처럼 가늘다. 약충은 모습이 개미와 매우 비슷해서 헷갈린다.

241

잎에서 만나는 곤충 〉 노린재목

긴노린재과

성충

십자무늬긴노린재 이형(검은색이 많음)  무리 지어 모인 약충

🔖 8~11mm, 🕐 3~11월(여름), 🌿 박주가리, 감나무. 몸은 주홍색이고 검은색 무늬가 있으며 군집 생활을 한다. 개체에 따라 몸에 검은색 무늬가 적게 분포된 이형도 있다.

잎에서 만나는 곤충 > 노린재목

긴노린재과

성충 　　　　　　　　　　　　　　　　　　　　　　　약충

더듬이긴노린재 　7~10mm,　4~10월(여름),　강아지풀, 벼. 더듬이가 매우 길어서 이름이 지어졌고 산과 들에 사는 식물의 즙을 빤다. 약충은 날개는 없지만 전체적인 모습이 성충과 닮았다.

긴노린재과

긴노린재과

둘레빨간긴노린재 　7~8mm,　4~10월(여름),　사위질빵. 몸이 검은색이고 붉은색의 테두리가 있어서 이름이 지어졌다.

어리흰무늬긴노린재 　7~8mm,　3~10월(여름),　각종 식물. 작은방패판에 1쌍의 흰색 점무늬가 있고 매우 빠르게 움직인다.

잎에서 만나는 곤충 〉 노린재목

긴노린재과

애긴노린재 ⌀ 3~5mm. ⏱ 2~11월(여름). 개망초, 감국. 몸이 갈색인 소형 노린재로 산과 들의 초원 지대와 경작지에 많다.

긴노린재과

어리민반날개긴노린재 ⌀ 2~4mm. ⏱ 4~11월(여름). 줄, 갈대, 달뿌리풀. 몸은 검은색이고 날개가 매우 짧으며 줄과 갈대 주변에서 보인다.

긴노린재과

큰딱부리긴노린재 ⌀ 4~6mm. ⏱ 4~11월(여름). 곤충, 각종 식물. 몸은 검은색이고 머리는 주홍색이며 겹눈이 매우 크다.

긴노린재과

미디표주박긴노린재 ⌀ 6mm 내외. ⏱ 4~10월(여름). 벼, 조릿대. 몸은 검은색이고 앞다리의 넓적다리마디가 알통처럼 부풀었다.

긴노린재과

표주박긴노린재 ⌀ 8mm 내외. ⏱ 5~9월(여름). 산딸기. 몸은 검은색이고 날개에 흰색 무늬가 있으며 모습이 표주박처럼 생겼다.

긴노린재과

흑다리긴노린재 ⌀ 7~8mm. ⏱ 7~10월(여름). 벼, 쇠보리. 몸은 연갈색이고 다리의 넓적다리가 검은색이서 이름 지어졌다.

잎에서 만나는 곤충 〉 노린재목

긴노린재과

갈색무늬긴노린재 🖊 5~6mm. 🕐 5~7월(여름). 🍴 쐐기풀류. 연한 붉은색을 띠는 날개에 갈색 무늬가 있다.

잡초노린재과

붉은잡초노린재 🖊 6~8mm. 🕐 4~10월(여름). 🍴 벼류, 국화류, 마디풀류. 몸은 적갈색이며 흑갈색 점무늬가 흩어져 있고 잡초에 산다.

잡초노린재과

삿포로잡초노린재 🖊 6.5~8mm. 🕐 4~10월(여름). 🍴 벼류, 국화류, 마디풀류. 몸은 갈색이고 들판이나 경작지 주변을 날아다닌다.

잡초노린재과

점흑다리잡초노린재 🖊 6~8mm. 🕐 4~10월(여름). 🍴 벼류, 국화류, 마디풀류. 몸은 진갈색이고 다리에 검은색 점무늬가 흩어져 있다.

넓적노린재과

검정넓적노린재 🖊 9~12mm. 🕐 7~9월(여름). 몸은 검은색이고 납작하며 죽은 나무의 껍질 속에서 무리 지어 월동한다.

넓적노린재과

산넓적노린재 🖊 5~8mm. 🕐 5~10월(여름). 몸은 흑갈색이고 납작하며 배 부분이 가슴보다 훨씬 더 넓적하다.

잎에서 만나는 곤충〉노린재목

광대노린재과

성충

이형    약충

광대노린재
⌀ 16~20㎜, ☀ 5~11월(여름), ♣ 등나무류, 노린재나무. 황록색의 몸에 주황색 줄무늬가 화려해서 광대의 옷처럼 보인다. 약충은 몸이 흰색이고 검은색 무늬가 많다.

잎에서 만나는 곤충 > 노린재목

광대노린재과

성충   이형

도토리노린재
🦋 9~10mm. 🕐 5~10월(여름). 🌿 억새, 개밀. 몸은 갈색이고 전체적인 모습이 도토리를 닮았다. 벼과 식물을 비롯해 다양한 식물의 꽃에 모이며 몸이 연갈색을 띠는 이형도 있다.

참나무노린재과

두쌍무늬노린재 🦋 14~16mm. 🕐 4~11월(여름). 🌿 느릅나무류, 참나무류. 몸은 적갈색이고 길쭉하며 앞날개에 4개의 검은색 점이 있다.

뒷창참나무노린재 🦋 12~15mm. 🕐 5~11월(가을). 🌿 참나무류. 몸은 황갈색이고 다리와 더듬이가 붉은색을 띤다.

잎에서 만나는 곤충 > 노린재목

참나무노린재과

성충　　　　　　　　　　　　　　　약충

작은주걱참나무노린재
11~13㎜. 5~10월(여름). 참나무류. 몸은 녹색이고 더듬이가 매우 길며 배의 숨구멍이 녹색이다. 약충은 참나무류의 잎 뒷면에 붙어 즙을 빤다.

참나무노린재과

성충　　　　　　　　　　　　　　　약충

참나무노린재
12㎜ 내외. 5~10월(여름). 참나무류. 몸은 황록색이고 다리에 붉은색 무늬가 있으며 나무에 모여 즙을 빤다. 약충은 타원형이고 배 부분이 붉은색을 띤다.

잎에서 만나는 곤충 > 노린재목

알노린재과

희미무늬알노린재 🍃 3~4mm. 🕐 4~10월(여름). 🌿 여뀌류. 몸은 둥글고 검은색이며 등판에 희미한 황백색 점이 있다.

알노린재과

알노린재 🍃 3~4mm. 🕐 6~8월(여름). 🌿 쑥. 작고 동글동글한 모습이 무당벌레처럼 보인다. 둥근 황백색 점무늬가 뚜렷하다.

알노린재과

동쪽알노린재 🍃 3~4mm. 🕐 7~10월(여름). 몸은 검은색이고 광택이 나며 쉼표처럼 생긴 2개의 점무늬가 있다.

알노린재과

무당알노린재 🍃 4~6mm. 🕐 4~10월(여름). 🌿 칡, 등나무. 몸은 갈색이고 흑갈색 무늬가 빽빽하게 있어서 얼룩덜룩해 보인다.

뽕나무노린재과

게눈노린재 🍃 2~3mm. 🕐 5~10월(여름). 🌿 콩, 팥, 칡. 몸은 연갈색이고 불룩 나온 겹눈이 게의 눈을 닮아서 이름이 지어졌다.

방패벌레과

배나무방패벌레 🍃 3mm 내외. 🕐 4~6월(여름). 🌿 배나무, 장미류. 배나무의 즙을 빨며 몸이 방패처럼 편평해서 이름이 지어졌다.

잎에서 만나는 곤충 > 노린재목

뿔노린재과

등빨간뿔노린재 14~19mm, 4~10월(여름). 층층나무, 벚나무류, 참나무류. 몸은 청록색이고 작은방패판이 붉은색을 띤다.

뿔노린재과

긴가위뿔노린재 18mm 내외, 4·10월(여름). 층층나무, 산딸나무. 몸은 선명한 녹색이고 가슴 양쪽 돌기가 붉은색을 띤다.

뿔노린재과

에사키뿔노린재 11~13mm, 4~11월(여름). 산초나무, 초피나무, 층층나무. 작은방패판에 흰색 또는 황색의 하트 무늬가 있다.

뿔노린재과

넓은남방뿔노린재 8~10mm, 7~9월(여름). 두릅나무류, 미나리류. 몸은 황록색이고 앞날개에 붉은색의 X자 무늬가 뚜렷하다.

잎에서 만나는 곤충 > 노린재목

톱날노린재과

톱날노린재
🍂 12~16mm, ⏰ 6~10월(여름), 🍽 호박, 수박, 참외. 몸은 진한 회갈색이고 앞가슴등판 앞부분에 삼각형의 돌기가 있다. 넓적한 배 부분의 가장자리는 톱니 모양이다.

실노린재과

실노린재 성충 약충
🍂 6~7mm, ⏰ 3~10월(여름), 🍽 각종 식물. 몸은 연황색이고 실처럼 매우 가느다란 형태여서 쉽게 눈에 띄지 않는다. 약충은 연녹색이고 더듬이와 다리에 검은색 무늬가 많다.

잎에서 만나는 곤충 〉 노린재목

장님노린재과

성충　　　　　　　　　　　　　약충

설상무늬장님노린재 ⏴6～9mm. ⏱6～10월(여름). 🍃국화류, 콩류, 벼류. 몸은 갈색이고 흰색 털이 빽빽하며 더듬이가 몸 길이보다 더 길다. 약충은 몸이 녹색이고 앞으로 성충이 되면 날개가 될 날개 싹이 있다.

장님노린재과

장님노린재과

목도리장님노린재 ⏴6～8mm. ⏱7～10월(여름). 🍃싸리, 쑥, 개망초, 꽃향유. 몸은 갈색이고 황백색 무늬 둘레가 붉다.

변색장님노린재 ⏴6～9mm. ⏱5～11월(여름). 🍃국화류, 콩류, 벼류. 몸은 연황색이고 앞가슴등판에 2개의 검은색 점무늬가 있다.

잎에서 만나는 곤충 > 노린재목

참고운고리장님노린재 ⌀ 6~7㎜, ⏱ 5~7월 (여름), 🌿 참나무류. 몸은 주황색이나 적갈색이고 광택이 있으며 미세한 털로 덮여 있다.

새무늬고리장님노린재 ⌀ 4㎜ 내외, ⏱ 5~10월(여름), 🌿 싸리류. 몸은 연갈색이고 단단한 앞날개 끝 부분에 검은색 줄무늬가 있다.

고운고리장님노린재 ⌀ 5~6㎜, ⏱ 4~7월 (여름), 🌿 참나무류. 머리와 작은방패판은 검은색이고 광택이 있으며 다리는 황갈색이다.

초록장님노린재 ⌀ 4~6㎜, ⏱ 5~10월(여름), 🌿 쑥, 콩류, 보리. 몸은 연녹색이고 검은색 무늬가 있지만 개체에 따라 변이가 많다.

잎에서 만나는 곤충 > 노린재목

장님노린재과

홍테북방장님노린재 / 5~6mm, 5~8월(여름), 버류. 몸은 주황색이고 앞날개는 검은색을 띠며 물가의 풀밭에 산다.

장님노린재과

탈장님노린재 / 5~8mm, 5~11월(여름), 활엽수의 꽃, 꽃가루. 몸은 흑갈색이고 앞가슴등판에 1쌍의 검은색 점무늬가 있다.

장님노린재과

민장님노린재 / 8~9mm, 5~6월(봄), 각시괴불나무, 인동덩굴. 몸은 길쭉하고 앞날개에 2쌍의 황색 점무늬가 있다.

장님노린재과

큰흰솜털검정장님노린재 / 4~5mm, 5~10월(여름), 닭의장풀. 몸은 검은색이고 온몸에 회백색 솜털이 불규칙하게 흩어져 있다.

잎에서 만나는 곤충 〉 노린재목

장님노린재과

홍색얼룩장님노린재 🖉 4~6mm, 🕒 5~10월 (여름), 🍴 콩류, 보리류. 몸은 연한 황록색이고 앞날개에 붉은색 X자 무늬가 있다.

장님노린재과

빨간촉각장님노린재 🖉 4~6mm, 🕒 4~10월 (여름), 🍴 벼류. 몸은 가늘고 길며 연녹색이고 더듬이가 붉은색을 띤다.

장님노린재과

보리장님노린재 🖉 8~10mm, 🕒 4~7월(여름), 🍴 벼류, 사초류. 몸은 갈색이고 등판은 연녹색을 띠며 이삭에 모여 즙을 빤다.

장님노린재과

새꼭지무늬장님노린재 🖉 4mm 내외, 🕒 1~12월 (여름), 🍴 느릅나무류. 몸은 갈색, 앞가슴등판은 검은색, 작은방패판은 흰색, 앞날개는 갈색이다.

잎에서 만나는 곤충 > 노린재목

장님노린재과

밀감무늬검정장님노린재 기본형 이형(적갈색)

📏 7~9mm. 📅 5~8월(여름). 🍽️ 각종 식물. 몸은 검은색이고 광택이 있으며 단단한 앞날개 끝에 연황색 무늬가 있다. 앞가슴등판 앞부분과 단단한 앞날개 끝이 적갈색인 이형도 있다.

장님노린재과

알락무늬장님노린재 📏 9~12mm. 📅 5~6월(여름). 작은방패판에 하트 모양의 무늬가 있고 단단한 앞날개 끝에 황백색 점무늬가 있다.

침노린재과

큰장다리막대침노린재 📏 17.8~21mm. 📅 6~9월(여름). 🍽️ 곤충. 몸과 다리가 매우 가늘며 앞다리로 사냥해서 체액을 빤다.

잎에서 만나는 곤충 > 노린재목

침노린재과

성충   약충

다리무늬침노린재 🖉 13~16mm. 🕓 4~10월(여름). 🐛 곤충. 다리에 흰색 무늬가 있어서 얼룩덜룩해 보인다. 성충과 약충 모두 날카로운 주둥이로 먹잇감을 찔러 사냥한 후 체액을 빤다.

침노린재과

침노린재과

배홍무늬침노린재 🖉 13~15mm. 🕓 4~11월(여름). 🐛 곤충. 몸은 검은색이고 배 가장자리에 붉은색 무늬가 있다.

붉은등침노린재 🖉 10~12mm. 🕓 4~11월(여름). 🐛 곤충. 몸은 붉은색이고 앞가슴등판에 십(+)자 모양의 검은색 홈이 있다.

257

잎에서 만나는 곤충 > 노린재목

침노린재과

성충  / 약충

왕침노린재
✎ 20~27㎜, ⏲ 3~11월(가을), ✿ 곤충. 몸은 갈색이고 기다란 더듬이를 갖고 있으며 성충으로 월동한다. 약충은 더듬이가 성충과 비슷하지만 단단한 날개가 완성되지 않았다.

침노린재과

검정무늬침노린재 ✎ 12~15㎜, ⏲ 4~11월(여름), ✿ 곤충. 몸은 검은색이고 광택이 있으며 땅 위를 매우 빨리 기어 다닌다.

침노린재과

껍적침노린재 ✎ 12~16㎜, ⏲ 4~11월(여름), ✿ 곤충. 몸은 검은색이고 앞날개가 배 길이보다 훨씬 더 길며 느리게 기어 다닌다.

잎에서 만나는 곤충 > 노린재목

침노린재과

민날개침노린재 ⌀ 15~19mm. ☀ 5~10월(여름). ⚙ 곤충. 몸은 검은색이고 성충이 되어도 날개가 생기지 않아 이름이 지어졌다.

쐐기노린재과

미니날개큰쐐기노린재 ⌀ 12mm 내외. ☀ 6~11월(가을). ⚙ 곤충. 몸은 암갈색이고 앞날개가 매우 짧아서 이름이 지어졌다.

쐐기노린재과

빨간긴쐐기노린재 ⌀ 10mm 내외. ☀ 5~10월(가을). ⚙ 나비류 유충. 몸은 적갈색이고 낫 모양으로 굵게 발달된 앞다리로 사냥한다.

쐐기노린재과

긴날개쐐기노린재 ⌀ 7~9mm. ☀ 4~10월(여름). ⚙ 진딧물, 깍지벌레. 몸은 연황색이고 길며 검은색 점무늬가 있다.

잎에서 만나는 곤충 > 노린재목

매미충과

매미충과

끝검은말매미충 📏 11~13.5mm. 🕐 4~10월(봄). 🌿 각종 식물. 몸은 황록색이고 머리와 앞가슴등판에 검은색 점무늬가 있다.

말매미충 📏 8~10mm. 🕐 6~9월(여름). 🌿 벼류, 사초류. 몸은 녹색 또는 청록색이고 다리는 연황색이며 풀밭에서 흔히 보인다.

매미충과

매미충과

지리산말매미충 📏 8mm 내외. 🕐 5~8월(여름). 🌿 참나무류. 몸은 흑갈색이고 광택이 나며 암컷은 뒷날개가 퇴화되어 날지 못한다.

앞흰넓적매미충 📏 6~7mm. 🕐 6~9월(여름). 🌿 버드나무류. 몸은 황갈색이고 머리는 둥글며 앞날개 가장자리에 회황색 띠가 있다.

잎에서 만나는 곤충 〉 노린재목

알락넓적매미충 ⌀ 5.2~5.7㎜. ⓒ 5~8월(봄). 🌿 쑥류. 몸은 검은색이고 9개의 황색 점무늬가 있으며 높이 잘 뛴다.

둥근머리각시매미충 ⌀ 9.5~11㎜. ⓒ 6~9월(여름). 🌿 버드나무류, 해당화. 몸은 검은색이고 작은방패판은 황색을 띤다.

우리귀매미 ⌀ 6.2~8㎜. ⓒ 6~9월(여름). 몸은 황갈색이고 작은방패판은 황색을 띠며 앞가슴등판에 귀 모양의 무늬가 있다.

금강산귀매미 ⌀ 11~14㎜. ⓒ 7~9월(여름). 🌿 참나무류, 칡. 몸은 녹색이고 머리가 뾰족하며 앞날개에 검은색 점무늬가 있다.

잎에서 만나는 곤충 〉 노린재목

매미충과

큰날개매미충과

만주귀매미 ∥13mm 내외. ⓒ8~10월(여름). ✿밤나무. 몸은 황록색이고 연황색 점무늬가 많으며 겹눈이 불룩 튀어나왔다.

부채날개매미충 ∥9~10mm. ⓒ8~9월(여름). ✿감나무, 벚나무. 몸은 흑갈색이며 넓적한 날개는 펼쳐진 부채처럼 보인다.

큰날개매미충과

성충   약충

신부날개매미충
∥9mm 내외. ⓒ8~9월(여름). ✿칡, 인삼. 투명한 날개 아랫부분에 갈색 테두리가 없어서 부채날개매미충과 구별된다. 약충은 흰색이고 가느다란 털 뭉치가 있다.

잎에서 만나는 곤충 > 노린재목

큰날개매미충과

남쪽날개매미충 🔹 6~7mm. 🔹 8~9월(여름). 🔹 귤나무, 칡. 몸은 갈색 또는 검은색이며 앞날개 중앙에 암갈색 띠무늬가 있다.

큰날개매미충과

일본날개매미충 🔹 9~11mm. 🔹 8~9월(여름). 🔹 칡, 사과, 배. 몸은 갈색이고 앞날개 가장자리에 움푹 들어간 검은색 점이 있다.

거품벌레과

흰띠거품벌레 🔹 9~12mm. 🔹 6~10월(여름). 🔹 버드나무, 뽕나무. 몸은 갈색이고 앞날개 중앙에 넓은 흰색 띠무늬가 있다.

거품벌레과

갈잎거품벌레 🔹 10mm 내외. 🔹 5~10월(여름). 🔹 활엽수. 몸은 연황색이고 겹눈은 크며 앞가슴등판에 흰색 점무늬가 있다.

잎에서 만나는 곤충〉노린재목

거품벌레과

솔거품벌레 ⃝ 8~10㎜. ⃝ 6~8월(여름). ⃝ 소나무, 전나무. 몸은 흑갈색이고 검은색 무늬가 있으며 즙을 빨아서 거품을 만든다.

거품벌레과

설악거품벌레 ⃝ 7㎜ 내외. ⃝ 6~9월(여름). ⃝ 가문비나무, 전나무. 몸은 연황색이고 침엽수류 새순의 즙을 빨아 먹고 산다.

거품벌레과

광대거품벌레 ⃝ 6~8㎜. ⃝ 6~9월(여름). ⃝ 쑥, 버드나무, 자작나무. 몸은 둥근 공 모양이고 회황색 바탕에 암갈색 줄무늬가 있다.

쥐머리거품벌레과

쥐머리거품벌레 ⃝ 5.5~8.5㎜. ⃝ 5~9월(여름). ⃝ 오리나무류, 버드나무. 몸은 적갈색부터 검은색까지 다양하고 풀잎에 앉아 쉰다.

잎에서 만나는 곤충 〉 노린재목

긴날개멸구과

긴날개멸구과

끝빨간긴날개멸구 6~7mm. 7~9월(여름). 몸은 황갈색이고 날개에 비해 매우 작으며 앞날개 가장자리는 붉은색을 띤다.

동해긴날개멸구 5mm 내외. 7~9월(여름). 몸은 황갈색이고 다리는 연황색이며 적갈색의 날개는 몸에 비해 매우 크다.

긴날개멸구과

멸구과

주홍긴날개멸구 4mm 내외. 6~9월(여름). 보리, 감자, 칡. 몸은 주홍색이며 연한 황갈색의 투명한 날개는 매우 길다.

풀멸구 5~6mm. 5~10월(여름). 보리, 밀, 옥수수. 몸은 녹색이고 날개 길이가 배 끝보다 길며 하천과 경작지에 산다.

잎에서 만나는 곤충〉노린재목

상투벌레과

상투벌레과

상투벌레 🖊12~14㎜. ⏰5~10월(여름). 🌿보리, 밀, 귤나무. 몸은 황록색이고 머리가 뾰족하며 경작지와 풀밭에 산다.

깃동상투벌레 🖊11~13㎜. ⏰8~9월(여름). 🌿예덕나무류, 칡. 몸은 회황색이고 날개가 몸길이보다 훨씬 더 길다.

나무이과

장삼벌레과

뽕나무이 🖊4㎜ 내외. ⏰5~9월(여름). 🌿뽕나무. 몸은 황록색 또는 연갈색이고 약충은 꽁무늬에 실 뭉치가 달려 있다.

네줄박이장삼벌레 🖊5~6㎜. ⏰7~9월(여름). 🌿감자. 반투명한 흰색 날개에 4개의 흑갈색 가로줄무늬가 뚜렷하다.

잎에서 만나는 곤충 〉노린재목

뿔매미과

뿔매미 5.5~8mm. 5~9월(여름). 엉겅퀴, 쑥. 몸은 흑갈색이고 앞가슴등판 양옆이 가시처럼 뾰족해서 이름이 지어졌다.

뿔매미과

외뿔매미 5~6mm. 6~9월(여름). 버드나무, 밤나무. 몸은 적갈색이고 앞가슴등판 어깨 부분에 짧은 돌기가 튀어나왔다.

뿔매미과

띠띤뿔매미 5.7mm 내외. 6~9월(여름). 각종 식물. 몸은 흑갈색이고 작은방패판 가장자리에 1쌍의 황색 점무늬가 있다.

진딧물과

모련채수염진딧물 3.1~4.2mm. 7~8월(여름). 몸은 주홍색이고 날개가 있는 유시충이 많이 보이지만 날개가 없는 무시충도 있다.

진딧물과

엉겅퀴수염진딧물 2.5~3.5mm. 4~9월(봄). 엉겅퀴. 몸은 암녹색이고 풀 줄기에 다닥다닥 붙어서 열심히 즙을 빤다.

진딧물과

사사키잎혹진딧물 3~4mm. 5~6월(봄). 벚나무. 진딧물이 즙을 빨면 나무가 보호 물질을 내뿜어 부풀면서 벌레혹이 생긴다.

잎에서 만나는 곤충 〉파리목

파리목 〉검정파리과

연두금파리 ⏱5~9mm, 📅4~10월(여름), 🍽동물 사체, 배설물. 몸은 녹색이고 사람이나 동물의 배설물에 모여 '똥파리'라고 불린다.

검정파리과

금파리 ⏱6~12mm, 📅4~10월(여름), 🍽동물 사체, 배설물. 몸은 황록색이고 오염된 물질에 모여 병균을 옮기는 위생 해충이다.

검정파리과

푸른등금파리 ⏱8~10mm, 📅4~10월(여름), 🍽동물 사체, 배설물. 몸은 청록색이고 광택이 있으며 사체와 배설물의 병균을 옮긴다.

검정파리과

큰검정파리 ⏱10~13mm, 📅3~11월(가을), 🍽동물 사체, 배설물. 몸은 검은색이고 청색 광택이 나며 늦가을까지 날아다닌다.

잎에서 만나는 곤충 〉 파리목

검정파리과

검정뺨금파리 📏8~13㎜, 📅4~10월(여름), 🍴동물 사체, 배설물. 머리는 붉은색이고 몸은 청록색이며 산지나 경작지에 많다.

검정파리과

점박이꽃검정파리 📏5~7㎜, 📅6~11월(가을), 🍴꽃가루(성충). 몸은 어두운 녹색이고 꽃에 모여 뭉뚝한 주둥이로 꽃가루를 핥아 먹는다.

검정파리과

초록파리 📏9~10㎜, 📅6~11월(가을), 🍴꽃가루(성충). 몸은 흑갈색이고 앞가슴등판은 녹색이며 꽃에 모여 꽃가루를 핥아 먹는다.

똥파리과

똥파리 📏10㎜ 내외, 📅6~10월(여름), 🍴곤충(성충). 몸은 회갈색이고 성충은 사냥을 하지만 유충은 배설물과 퇴비를 먹는다.

잎에서 만나는 곤충 〉 파리목

기생파리과

기생파리과

뒷박털기생파리 🖊18~22mm, 🕒4~8월(봄), 🐛곤충 기생. 몸은 흑갈색이고 배는 주황색이며 뾰족한 털이 무수히 많다.

노랑털기생파리 🖊15mm 내외, 🕒4~10월(여름), 🐛나방류 유충 기생. 몸은 황갈색이고 뚱뚱하며 산지나 들판의 꽃에 잘 모인다.

기생파리과

기생파리과

중국별뚱보기생파리 🖊8~12mm, 🕒5~10월(여름), 🐛곤충 기생. 몸은 연주황색이고 배끝에 털이 없으며 꽃에 잘 모인다.

뚱보기생파리 🖊13mm 내외, 🕒5~10월(여름), 🐛노린재 기생. 몸은 주황색이고 배 중앙에 3개의 검은색 점무늬가 뚜렷하다.

잎에서 만나는 곤충 > 파리목

북해도기생파리 📏 9~15mm, 🕐 6~9월(여름). 🍽 곤충 기생. 몸은 황갈색이고 배에 뾰족한 털이 매우 많으며 풀잎에 잘 내려앉는다.

표주박기생파리 📏 8mm 내외, 🕐 6~9월(여름). 🍽 노린재 기생. 몸은 검은색이고 배 등면에 긴 털이 많으며 꽃에 잘 모인다.

검정수염기생파리 📏 15~19mm, 🕐 6~9월(여름). 🍽 곤충 기생. 몸은 검은색이고 앞가슴 등판 중앙에 4개의 검은색 세로띠무늬가 있다.

검정볼기쉬파리 📏 7~13mm, 🕐 4~10월(여름). 🍽 동물 사체, 배설물. 지저분한 배설물과 쓰레기에 잘 내려앉아서 병균을 옮긴다.

날개알락파리
📏 10mm 내외, 🕐 6~7월(여름). 몸은 검은색, 머리는 주황색이고 날개에 검은색 줄무늬가 많으며 날개가 몸 길이보다 훨씬 더 길다. 풀잎이나 나무에 앉았다가 빠르게 훌쩍 날아간다.

잎에서 만나는 곤충 〉 파리목

알락파리과

배무늬콩알락파리 📏 4~5mm, ⏰ 7~9월(여름), 🍽 콩과 식물 뿌리(유충). 몸은 붉은색이고 배에 2개의 검은색 줄무늬가 뚜렷하다.

알락파리과

끝검정콩알락파리 📏 4~5mm, ⏰ 7~9월(여름), 🍽 콩과 식물 뿌리(유충). 몸은 어두운 붉은색이고 날개에 3개의 줄무늬가 뚜렷하다.

알락파리과

민무늬콩알락파리 📏 4~5mm, ⏰ 7~9월(여름), 🍽 콩과 식물 뿌리(유충). 몸은 검은색이며 날개는 투명하고 끝 부분이 검은색을 띤다.

과실파리과

국화과실파리 📏 3.5~4.5mm, ⏰ 5~8월(여름), 🍽 동백나무, 국화(유충). 몸은 회색이고 날개는 검은색이며 과실에 피해를 준다.

과실파리과

닮은줄과실파리 📏 8~9mm, ⏰ 5~11월(여름), 🍽 과일(성충). 몸은 황갈색이고 날개에 검은색 무늬가 있으며 배에 가로줄무늬가 있다.

과실파리과

산알락좀과실파리 📏 3~5mm, ⏰ 5~8월(여름), 🍽 과일(성충). 몸은 회색이며 투명한 날개에는 그물 모양의 검은색 무늬가 많다.

잎에서 만나는 곤충 〉 파리목

집파리과

집파리 ⏀ 7~8mm, ⏱ 6~8월(여름), ⌬ 배설물. 몸은 검은색이고 앞가슴등판에 흰색 줄무늬가 있으며 풀잎에 잘 내려앉는다.

큰날개파리과

검정큰날개파리 ⏀ 5mm 내외, ⏱ 5~8월(여름). 몸은 검은색이고 날개 길이가 몸 길이보다 훨씬 더 길며 풀잎에 잘 내려앉는다.

꽃파리과

검정띠꽃파리 ⏀ 4~6mm, ⏱ 5~6월(봄). 몸은 회색 가루로 덮여 있고 앞가슴등판에 굵은 검은색 가로띠무늬가 있다.

들파리과

뿔들파리 ⏀ 9~11mm, ⏱ 4~8월(여름), ⌬ 꽃가루(성충). 몸과 다리가 길고 산과 들의 풀잎과 꽃 사이를 빠르게 날아다닌다.

초파리과

노랑초파리 ⏀ 2.5mm 내외, ⏱ 3~10월(여름), ⌬ 과일. 과일에 모여들어 '과일파리'라고 불리며 유충은 1주일이면 성충이 된다.

나방파리과

나방파리 ⏀ 1.5~2mm, ⏱ 연중(여름). 회백색의 날개가 넓적해서 소형나방처럼 보이고 화장실 등의 습한 곳에 무리 지어 산다.

잎에서 만나는 곤충 > 파리목

꽃등에과

수중다리꽃등에 ✎ 12~14mm, ☀ 3~11월(봄). ♣ 썩은 식물(유충). 산과 들판을 빠르게 날아다니다가 풀잎에 앉아 다리를 비벼댄다.

꽃등에과

배짧은꽃등에 ✎ 10~13mm, ☀ 4~10월(여름). ♣ 꽃가루(성충). 몸은 검은색이고 배에 황갈색 줄무늬가 있으며 풀잎이나 꽃에 잘 내려앉는다.

꽃등에과

눈루리꽃등에 ✎ 11~12mm, ☀ 5~11월(여름). ♣ 꽃가루(성충). 몸은 검은색이고 겹눈은 황색이며 날개는 투명하고 풀잎이나 꽃에 잘 모인다.

꽃등에과

배세줄꽃등에 ✎ 11~13mm, ☀ 5~7월(여름). ♣ 꽃가루(성충). 몸은 검은색이고 배마디에 3개의 황색 줄무늬가 있으며 풀잎에 잘 앉는다.

잎에서 만나는 곤충 > **파리목**

검정넓적꽃등에 🕛 10~12mm, 📅 5~11월(여름), 🍴 진딧물(유충). 몸은 검은색이고 배마디에 흰색 가로띠무늬가 있다.

별넓적꽃등에 🕛 8~10mm, 📅 4~9월(봄), 🍴 목화진딧물, 콩진딧물(유충). 배마디 양쪽에 황색 무늬가 있고 풀잎에 잘 앉는다.

물결넓적꽃등에 🕛 10~12mm, 📅 4~11월(여름), 🍴 진딧물(유충). 배에 있는 3개의 황색 줄무늬가 물결처럼 구불구불하다.

꼬마꽃등에 🕛 8~9mm, 📅 4~11월(봄), 🍴 진딧물(유충). 몸이 작고 가늘며 꽃에 모여 꽃가루를 먹고 풀잎에 앉아 짝짓기를 한다.

잎에서 만나는 곤충 〉 파리목

벌붙이파리과

벌붙이파리 ⌀ 14~15mm, ⊙ 4~8월(여름), ⊛ 벌붙, 파리류 유충 기생. 몸은 흑갈색이고 배에 황색 줄무늬가 있으며 벌과 닮았다.

벌붙이파리과

조잔벌붙이파리 ⌀ 10mm 내외, ⊙ 8~9월(여름), ⊛ 벌류 유충 기생. 몸은 검은색이고 머리가 매우 크며 풀잎에 잘 내려앉는다.

벌붙이파리과

왕벌붙이파리 ⌀ 16~20mm, ⊙ 6~8월(여름), ⊛ 벌류 유충 기생. 몸은 적갈색이고 모습이 벌과 비슷하며 다양한 꽃에 모여든다.

머리파리과

동해참머리파리 ⌀ 9~12mm, ⊙ 6~7월(여름), ⊛ 멸구, 노린재류 기생. 몸은 길쭉하고 머리는 서로 붙어 있으며 공 모양이다.

잎에서 만나는 곤충 > 파리목

동애등에 📏15~20㎜. 🕐5~10월(여름). 🍴배설물, 쓰레기(유충). 몸은 검은색이고 유충은 배설물과 쓰레기를 먹고 산다.

아메리카동애등에 📏12~20㎜. 🕐7~10월(여름). 몸은 검은색이고 평균곤은 흰색이며 풀잎에 앉았다가 재빨리 날아간다.

방울동애등에 📏7~9㎜. 🕐6~7월(여름). 몸은 검은색이고 광택이 있으며 눈은 적갈색이고 날개는 몸 길이보다 훨씬 더 길다.

꼬마동애등에 📏4~5㎜. 🕐6~8월(여름). 몸은 청록색이고 광택이 나며 눈은 적갈색이고 앞가슴등판은 사람 얼굴처럼 보인다.

잎에서 만나는 곤충 > 파리목

등에과

소등에 🖊 17~29mm, 🕐 6~9월(여름), 🍴 소, 말 등의 피(성충). 몸은 회갈색이고 앞가슴등판에 3개의 세로줄이 있으며 축사 근처에 많다.

등에과

황등에붙이 🖊 12~14mm, 🕐 6~9월(여름), 🍴 가축의 피(성충). 몸은 황갈색이며 암컷은 체액을 먹지만 수컷은 꽃가루를 먹는다.

장다리파리과

장다리파리 🖊 5~6mm, 🕐 6~9월(여름). 몸은 녹색이고 금속 광택이 나며 다리가 매우 길어서 이름이 지어졌다.

장다리파리과

얼룩장다리파리 🖊 6mm 내외, 🕐 6~9월(여름). 몸은 녹색이고 날개에 검은색 무늬가 얼룩덜룩하며 풀잎에 잘 내려앉는다.

잎에서 만나는 곤충〉파리목

왕파리매 🖉 20~28mm. 🕒 6~8월(여름). 🍴 곤충(성충). 몸은 적갈색이고 겹눈은 청록색이며 산과 들을 빠르게 날아다니며 사냥한다.

검정파리매 🖉 22~25mm. 🕒 6~9월(여름). 🍴 나방, 풍뎅이(성충). 몸은 검은색이고 나방과 파리 등을 공중에서 잘 낚아챈다.

파리매 🖉 23~30mm. 🕒 6~8월(여름). 🍴 곤충(성충). 몸은 검은색이고 수컷은 배 끝 부분에 흰색 털 뭉치가 있다.

홍다리파리매 🖉 20~22mm. 🕒 5~7월(여름). 🍴 곤충(성충). 몸은 흑갈색이고 날아가는 곤충을 잽싸게 포획하여 잡아먹는다.

279

잎에서 만나는 곤충 > 파리목

파리매과

점밑들이파리매과

광대파리매 🗡 17~20mm. 🕐 4~6월(봄). 🍴 나비류(성충). 몸은 검은색이고 다리의 종아리마디는 황갈색이며 곤충을 사냥한다.

얼룩점밑들이파리매 🗡 20mm 내외. 🕐 5~6월(봄). 🍴 곤충(성충). 몸은 검은색이고 앞가슴등판에 황색 점무늬가 있다.

깔다구과

모기과

장수깔따구 🗡 6~7mm. 🕐 4~9월(봄). 오염된 하천 풀밭에 살며 깔따구류 중에서 크기가 가장 커서 이름이 지어졌다.

흰줄숲모기 🗡 4.5mm 내외. 🕐 6~9월(여름). 🍴 사람 피(성충). 몸은 검은색이고 다리에 흰색 줄무늬가 많으며 '산모기'라고 불린다.

잎에서 만나는 곤충 〉 파리목

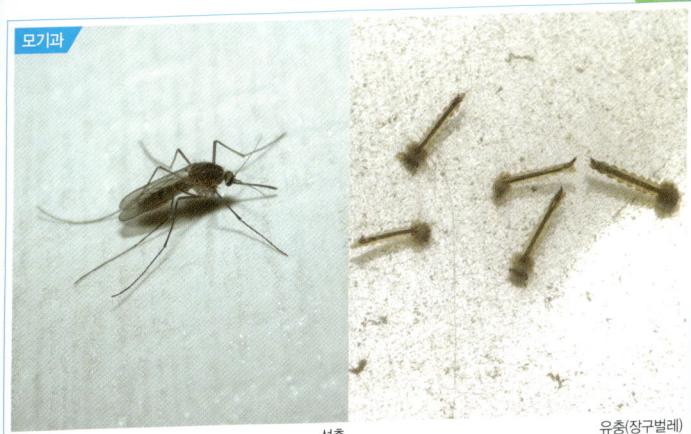

모기과

성충   유충(장구벌레)

빨간집모기 🔸5.5㎜ 내외. 🔸4~11월(여름). 🔸사람, 가축 피. 몸은 연갈색이고 집 안에 들어와서 사람의 피를 빨아 먹는 흡혈 해충이다. 유충은 '장구벌레'라고 불리며 오염된 웅덩이 속에 산다.

각다귀과

각다귀과

줄각다귀 🔸12~16㎜. 🔸5~10월(봄). 🔸썩은 식물(유충). 날개에 줄무늬가 있고 모습이 모기와 닮아서 '왕모기'라고 불린다.

황각다귀 🔸12~14㎜. 🔸5~7월(여름). 🔸썩은 식물(유충). 몸은 황색이고 더듬이와 다리가 매우 가늘고 길며 풀밭에 산다.

281

잎에서 만나는 곤충 > 파리목

각다귀과

각다귀과

큰황나각다귀 📏 20mm 내외, 🗓 5~7월(여름), 🍃 썩은 식물(유충). 몸은 황색이고 앞가슴등판에 3개의 세로줄무늬가 있다.

검정날개각다귀 📏 19mm 내외, 🗓 5~7월(여름), 🍃 썩은 식물(유충). 몸은 검은색이고 날개는 반투명하며 산란관은 매우 뾰족하다.

각다귀과

혹파리과

장수각다귀 📏 24~34mm, 🗓 5~10월(봄), 🍃 썩은 식물(유충). 몸은 갈색이고 날개에 검은색 줄무늬가 있으며 물가에 산다.

쑥혹파리 📏 3mm 내외, 🗓 5~12월(가을). 쑥혹파리가 쑥 줄기에 알을 낳으면 보호 물질을 분비하여 쑥에 솜 모양의 혹이 만들어진다.

벌목 〉 잎벌과

황호리병잎벌 📏 12mm 내외. 📅 4~6월(봄). 🍽 별꽃(유충). 배는 황갈색이고 나무 사이를 빠르게 날아다니는 모습이 벌처럼 보인다.

왜무잎벌 📏 7mm 내외. 📅 5~10월(여름). 🍽 냉이류, 무, 배추(유충). 몸은 주황색이고 날아다니는 모습이 파리처럼 보인다.

잎벌과

성충   유충

검정날개잎벌 📏 8.9mm 내외. 📅 5~10월(여름). 🍽 소리쟁이, 수영(유충). 몸은 검은색이고 풀잎 사이를 빠르게 난다. 유충은 연한 녹회색이고 검은색 점무늬가 있으며 배다리는 6쌍이다.

잎벌과   수중다리잎벌과

테수염검정잎벌 📏 12mm 내외. 📅 5~6월(봄). 몸은 검은색이고 앞가슴등판에 흰색 점무늬가 뚜렷하며 빠르게 날아다닌다.

구리수중다리잎벌 📏 14~15mm. 📅 4~8월(봄). 🍽 병꽃나무(유충). 몸은 흑갈색이고 배가 넓적하며 더듬이는 끝이 부푼 곤봉 모양이다.

잎에서 만나는 곤충 〉벌목

장미등에잎벌 8mm 내외. 4~10월(봄). 장미(유충). 몸은 검은색이고 다리는 갈색이며 풀잎 사이를 빠르게 날아다닌다.

극동등에잎벌 9mm 내외. 4~9월(여름). 철쭉, 진달래(유충). 몸은 청람색이고 대규모로 발생해서 문제를 발생시킨다.

양봉꿀벌 10~17mm. 3~10월(여름). 꽃가루, 꽃꿀(유충). 꿀과 꽃가루를 모으러 부지런히 날아다니다가 풀잎에 잘 내려앉는다.

대모벌 22~25mm. 7~9월(여름). 거미류(유충). 몸은 검은색이고 거미를 마취시켜 사냥한 후 끌고 가서 알을 낳는다.

민호리병벌 15mm 내외. 6~8월(여름). 나방류 유충(유충). 배에 굵은 황색 줄무늬가 있고 호리병 모양의 집을 만든다.

줄무늬감탕벌 18mm 내외. 6~9월(여름). 나방류 유충(유충). 배에 2개의 황색 줄무늬가 뚜렷하고 풀잎에 잘 내려앉는다.

잎에서 만나는 곤충〉벌목

어리별쌍살벌 🔗15mm 내외. 🕐4~10월(여름). 🍴나비류 유충(유충). 몸은 검은색이고 나비류 유충을 사냥하는 포식성 곤충이다.

뱀허물쌍살벌 🔗13~18mm. 🕐4~9월(여름). 🍴곤충 유충. 나뭇가지에 뱀 허물처럼 생긴 기다란 집을 짓고 새끼를 돌본다.

참땅벌 🔗18mm 내외. 🕐4~10월(여름). 🍴곤충, 사체. 배에 황색 줄무늬가 있고 집을 잘못 건드려 떼를 지어 모여들면 매우 위험하다.

털보말벌 🔗24~26mm. 🕐4~10월(여름). 🍴곤충, 나뭇진. 몸은 검은색이고 털이 많으며 배의 주황색 줄무늬는 폭이 넓고 물결 모양이다.

잎에서 만나는 곤충 > 벌목

맵시벌과

단색자루맵시벌 📏 25mm 내외. 🕐 5~7월(여름). 🍴 배저녁나방 유충. 몸은 연황색이고 배는 자루 모양이며 더듬이는 실 모양이다.

맵시벌과

어리곤봉자루맵시벌 📏 23mm 내외. 🕐 5~7월(여름). 🍴 나비류 유충. 배는 길고 붉은색이며 나비류 유충의 몸속에 알을 낳는다.

맵시벌과

흰줄박이맵시벌 📏 13~15mm. 🕐 5~7월(여름). 🍴 나비류 유충. 몸은 검은색이고 더듬이와 다리에 흰색 줄무늬가 뚜렷하다.

맵시벌과

왜가시뭉툭맵시벌 📏 12~14mm. 🕐 4~7월(여름). 🍴 나방류 유충. 몸은 검은색이고 배에 황색 줄무늬와 점무늬가 있다.

잎에서 만나는 곤충 〉 벌목

맵시벌과

나방살이맵시벌 🗡14mm 내외. ⏱5~6월(여름). 🍽나방류 유충. 몸은 검은색이고 나방류 유충의 몸속에 알을 낳는다.

갈고리벌과

등빨간갈고리벌 🗡9~11mm. ⏱7~10월(여름). 🍽말벌류 유충, 나비류 유충(유충). 몸은 검은색이고 앞가슴등판은 붉은색을 띤다.

혹벌과

참나무잎혹벌 🗡1.5~2.2mm. ⏱5~8월(여름). 몸이 매우 작고 겨울눈에 알을 낳으면 초여름부터 부풀어 오른다.

혹벌과

참나무순혹벌 🗡2~3mm. ⏱5~6월(여름). 참나무류에 알을 낳아 20~30mm의 벌레혹을 만들면 참나무가 잘 자라지 못한다.

혹벌과

밤나무혹벌 🗡3mm 내외. ⏱6~7월(여름). 밤나무 눈에 기생하면 10~15mm의 벌레혹이 생겨 꽃이 피고 열매를 맺는데 문제가 된다.

혹벌과

어리상수리혹벌 🗡3~4mm. ⏱7~8월(여름). 여름에 부화하여 상수리나무의 작은 가지에 10~20mm가 되는 벌레혹을 만든다.

잎에서 만나는 곤충 > 메뚜기목

메뚜기목 > 메뚜기과

성충(적갈색형) 　　성충(갈색형)

성충(녹색형)　　짝짓기(수컷이 작은 개체)

벼메뚜기
３～40㎜, ７～11월(가을), 벼류. 몸 빛깔은 녹색과 갈색, 적갈색 등 다양하고 논과 밭에 살며 … 속에 알을 낳는다. 수컷은 짝짓기를 위해 암컷의 등에 올라탄다.

잎에서 만나는 곤충 〉 메뚜기목

메뚜기과

수컷(갈색형)

수컷(녹색형)

암컷(녹색형)

팥중이

🖉 28~46㎜, 🕐 7~10월(가을), 🍃 각종 식물. 몸은 갈색이고 앞가슴등판에 X자 모양의 무늬가 선명하다. 암컷은 수컷보다 훨씬 크고 녹색을 띠는 이형도 있다.

잎에서 만나는 곤충 〉 메뚜기목

메뚜기과

콩중이
🔗 37~59㎜. ⏰ 7~10월(가을). 🍴 벼류. 몸은 녹색형과 갈색형이 있고 앞가슴등판 중앙에 볼록하게 튀어나온 선이 있다. 산지의 풀밭이나 무덤가에 많이 산다.

메뚜기과

각시메뚜기
🔗 34~60㎜. ⏰ 1~12월(여름). 🍴 각종 식물. 몸은 연갈색이고 눈 아래 진한 줄무늬가 있다. 땅 빛깔과 비슷해서 '땅메뚜기'와 '흙메뚜기'로 불렸고, 시체처럼 보여서 '송장메뚜기'라고도 불렸다.

잎에서 만나는 곤충 〉 메뚜기목

| 메뚜기과 |

암컷

수컷 　　　　　　　　　　　　　　약충

등검은메뚜기
⌀ 25~42㎜, ⓒ 7~11월(여름), 🍴 각종 식물. 몸은 흑갈색이고 겹눈에 줄무늬가 있다. 경작지 주변의 풀밭에 살며 약충은 날아다닐 수 있는 날개가 아직 없다.

잎에서 만나는 곤충 〉 메뚜기목

메뚜기과

메뚜기과

두꺼비메뚜기 ⌀ 23~34mm. ⏲ 7~10월(가을). 🍽 각종 식물. 햇볕이 잘 드는 산길이나 경작지 주변의 풀잎에 잘 내려앉는다.

삽사리 ⌀ 19~32mm. ⏲ 5~8월(여름). 🍽 벼류. 몸은 밝은 황색이고 산지의 양지바른 틈판이나 무덤가에 많이 산다.

메뚜기과

메뚜기과

검정무릎삽사리 ⌀ 18~30mm. ⏲ 6~10월(여름). 🍽 각종 식물. 몸은 연갈색이고 앞날개와 뒷다리를 비벼서 '삽사리 삽사리' 운다.

수염치레애메뚜기 ⌀ 23~30mm. ⏲ 5~10월(여름). 🍽 벼류. 몸은 황갈색이고 날개가 매우 길며 수염처럼 긴 더듬이가 있다.

잎에서 만나는 곤충 > 메뚜기목

메뚜기과

성충　　　　　　　　　　　　　　약충

밑들이메뚜기 🍃 25~40mm. 🕐 5~9월(여름). 🍴 각종 식물. 배 끝 부분이 위로 들려 올라가서 '밑들이메뚜기'라는 이름이 지어졌다. 성충과 약충 모두 날지 못하기 때문에 점프해서 이동한다.

메뚜기과

메뚜기과

원산밑들이메뚜기 🍃 22~33mm. 🕐 6~10월(가을). 🍴 각종 식물. 몸은 진녹색이고 산지의 풀숲이나 나무 위에서 발견된다.

참북방밑들이메뚜기 🍃 24~37mm. 🕐 6~10월(여름). 🍴 각종 식물. 앞가슴등판 양쪽에 2개의 가느다란 황색 줄이 뚜렷하다.

293

잎에서 만나는 곤충 > 메뚜기목

메뚜기과

메뚜기과

긴날개밑들이메뚜기 📏 24~35㎜. 📅 6~11월(가을). 🍽 각종 식물. 몸은 녹색이고 앞날개가 길어서 배 끝을 넘으며 약충은 떼를 지어 모인다.

딱따기 📏 34~5/㎜. 📅 8~10월(여름). 🍽 벼류. 모습이 방아깨비와 매우 비슷하지만 뒷날리가 매우 짧아서 구별된다.

메뚜기과

수컷(녹색형)   수컷(갈색형)

방아깨비
📏 42~86㎜. 📅 6~10월(여름). 🍽 벼류. 몸 빛깔은 녹색형과 갈색형이 있다. 암컷에 비해 크기가 매우 작은 수컷은 날개를 마찰시켜서 '따다닥' 소리를 내며 날아다닌다.

잎에서 만나는 곤충 〉 메뚜기목

메뚜기과

암컷(녹색형)

방아깨비
암컷(갈색형)　　　　　　　암컷(녹갈색형)

🗡 42~86mm. ⏱ 6~10월(여름). 🌿 벼류. 몸은 녹색이고 암컷은 수컷에 비해 크기가 매우 크다. 긴 뒷다리를 잡고 있으면 몸을 위아래로 움직여서 방아 찧는 것처럼 보인다.

295

잎에서 만나는 곤충 〉메뚜기목

섬서구메뚜기과

수컷(녹색형) 　　　　　　　　　　　　　암컷(녹색형)

수컷(갈색형) 　　　　　　　　　　　　　암컷(갈색형)

섬서구메뚜기
✎ 23~47㎜, ⏱ 7~10월(가을), 🌿 각종 식물. 몸 빛깔은 녹색형 또는 갈색형이고 머리는 원뿔형으로 길다. 수컷은 암컷에 비해 매우 작으며 모습이 방아깨비와 비슷하다.

잎에서 만나는 곤충 > 메뚜기목

모메뚜기과

성충 / 약충 ① / 약충 ② / 약충 ③ / 약충 ④ / 약충 ⑤

모메뚜기
8~13mm. 1~12월(봄). 각종 식물. 몸은 회갈색이지만 개체에 따라 변이가 매우 다양하다. 크기가 작아서 '난쟁이메뚜기'라고 불렸고 산지의 풀밭이나 경작지에 산다.

잎에서 만나는 곤충 > 메뚜기목

장삼모메뚜기 〈모메뚜기과〉 11~16mm, 1~12월(연중), 각종 식물. 몸은 회갈색이지만 체색 변이가 많고 뒷날개가 길게 발달했으며 성충으로 월동한다.

가시모메뚜기 〈모메뚜기과〉 14~21mm, 1~12월(가을), 각종 식물. 몸은 회갈색이고 더듬이는 연황색이며 앞가슴등판에 뾰족한 가시 모양의 돌기가 있다.

꼬마모메뚜기 〈모메뚜기과〉 8~13mm, 1~12월(여름), 각종 식물. 몸은 황갈색이고 날개가 긴 장시형이 많으며 습기가 많은 풀밭에 산다.

좁쌀메뚜기 〈좁쌀메뚜기과〉 4~5mm, 1~12월(여름), 조류. 몸이 좁쌀처럼 작고 벼룩처럼 점프를 잘해서 '벼룩메뚜기'라고 불린다.

잎에서 만나는 곤충 > 메뚜기목

여치과

여치

📏 30~37mm, 🕐 6~10월(가을), 🍴 잡식성. 몸이 뚱뚱하고 날개가 짧으며 산지나 들판의 풀밭에 산다. 낮에는 덤불에 숨어서 '찌르르~' 하고 운다.

여치과

좀날개여치

📏 23~37mm, 🕐 6~10월(가을), 🍴 잡식성. 몸은 밝은 회갈색이고 뚱뚱해서 갈색여치와 매우 비슷해 보인다. 수컷은 짧은 앞날개로 소리내어 울지만 날아다니지는 못한다.

잎에서 만나는 곤충 > 메뚜기목

여치과

성충

약충 ①    약충 ②(종령)

갈색여치
🔸 25~33mm. 🔸 6~10월(여름). 🔸 잡식성. 몸은 암갈색이고 배는 밝은 녹색이며 산지의 풀숲에 산다. 약충은 성충과 모습이 비슷하지만 앞날개가 발달하지 않았다.

성충 약충

잔날개여치
🕮 16~25mm. ⏱ 5~9월(여름). 🍴 잡식성. 몸은 갈색이고 물가의 풀밭에 살며 수컷은 낮에 '치릿치릿' 하고 운다. 약충의 몸은 검은색이고 등은 밝은 갈색이다.

긴날개중베짱이 🕮 40~56mm. ⏱ 6~9월(여름). 🍴 메뚜기류, 귀뚜라미류. 몸은 선명한 녹색이고 계곡 주변이나 물가의 풀밭에 산다.

베짱이 🕮 31~40mm. ⏱ 7~10월(여름). 🍴 곤충. 몸은 녹색이고 풀밭에 살며 '스이익~찍' 하고 우는 소리가 베 짜는 소리와 비슷하다.

잎에서 만나는 곤충 〉 메뚜기목

여치과

암컷(녹색형)

수컷(녹색형)    암컷(갈색형)

줄베짱이

📏 35~40mm, 📅 7~11월(가을), 🍽 잎, 꽃가루. 몸은 녹색이고 등 부분 중앙에 수컷은 갈색, 암컷은 흰색 줄무늬가 있어서 이름이 지어졌다. 몸 빛깔이 갈색인 체색 변이도 있다.

잎에서 만나는 곤충 > 메뚜기목

여치과

성충   약충

검은다리실베짱이
📏 29~36㎜, 📅 6~11월(가을), 🍴 잎, 꽃가루. 몸은 녹색이고 다리와 더듬이는 검은색이며 매우 길다. 약충은 모습이 성충과 비슷하지만 몸이 작고 날개가 덜 완성되었다.

여치과

실베짱이
📏 29~37㎜, 📅 6~11월(가을), 🍴 꽃잎, 꽃가루. 몸은 연녹색이고 날개 길이가 몸 길이보다 훨씬 더 길다. 산지의 들판이나 경작지 주변의 풀잎을 갉아 먹고 산다.

303

잎에서 만나는 곤충 〉 메뚜기목

여치과

큰실베짱이
📏 34~50㎜. 📅 7~11월(가을). 🍽 잎, 꽃가루. 몸은 녹색이고 등 부분 중앙에 적갈색의 줄이 있다. 앞날개 전체에는 그물 모양의 무늬가 있으며 더듬이는 흑갈색으로 매우 길다.

여치과

날베짱이
📏 46~57㎜. 📅 7~10월(여름). 🍽 잡식성. 몸은 녹색이고 산지 주변의 풀잎이나 나뭇잎을 먹고 산다. 앞날개를 서로 비벼서 '찌지지지' 하고 낮은 소리로 운다.

여치과

잎에서 만나는 곤충 > 메뚜기목

성충(녹색형)

성충(갈색형)

매부리
📏 40~55mm. 📅 7~11월(여름). 🍴 잡식성. 몸은 녹색형과 갈색형이 있고 논밭과 하천 주변의 풀밭에 산다. 수컷은 '찌~' 하고 소리 내어 울며 암컷은 산란관이 매우 길다.

잎에서 만나는 곤충 〉 메뚜기목

여치과

암컷

수컷 　　　　　　　　　　　약충

긴꼬리쌕쌔기
📏 24~31mm, 📅 7~11월(여름), 🍴 잎, 씨앗. 몸은 녹색이고 등은 연갈색이다. 암컷은 산란관이 매우 길어서 꼬리처럼 보이며 풀 줄기를 붙잡고 있는 모습이 보인다.

잎에서 만나는 곤충 〉메뚜기목

점박이쌕쌔기 ⌀ 19~27mm, ⏱ 8~10월(여름), 🍽 잎, 꽃가루. 몸은 녹색형과 갈색형이 있고 날개에 검은색 점무늬가 있다.

쌕쌔기 ⌀ 14~20mm, ⏱ 6~11월(가을), 🍽 잎, 꽃가루. 몸은 연녹색이고 앞날개가 배 끝 부분보다 훨씬 더 길다.

왕귀뚜라미 ⌀ 17~24mm, ⏱ 7~11월(가을), 🍽 잡식성. 몸이 검은색을 띠어서 풀밭에 있으면 눈에 잘 띄지 않는다.

알락방울벌레 ⌀ 7~8mm, ⏱ 6~11월(가을). 몸은 작고 얼룩덜룩하며 풀밭의 돌이나 낙엽 밑에서 작은 소리로 운다.

잎에서 만나는 곤충 > 메뚜기목 | 풀잠자리목

먹종다리 🔗 4~5mm, 🕐 5~7월(여름). 몸은 검은색이고 다리는 연갈색이며 귀뚜라미류에 속하지만 발음기가 없어 울지 못한다.

풀종다리 🔗 6~7mm, 🕐 7~11월(여름). 몸은 연회색이고 나뭇가지를 잘 기어 다니며 울음판이 발달된 수컷은 밤낮으로 운다.

긴꼬리 🔗 14~20mm, 🕐 8~10월(여름). 🌸 꽃가루, 진딧물. 몸은 연녹색이고 길쭉하며 암컷은 산란관이 뾰족하게 나와 있다.

성충   유충(개미귀신)

명주잠자리
🔗 40mm 내외, 🕐 6~10월(여름). 🐜 개미(유충). 성충은 날개가 크지만 잘 날아다니지 못한다. 유충인 개미귀신은 깔때기 모양의 굴을 파고 모래를 뿌려 개미를 사냥한다.

잎에서 만나는 곤충 > 풀잠자리목

풀잠자리과

성충

유충

알

칠성풀잠자리
⌀ 14~15mm. 🗓 5~8월(여름). 🍴 진딧물류, 응애류. 몸은 녹색이고 가는 실 끝에 타원형의 알을 매달아 잎 뒷면이나 줄기에 붙인다. 유충은 풀밭을 돌아다니며 사냥한다.

잎에서 만나는 곤충 〉 풀잠자리목

뿔잠자리과

사마귀붙이과

노랑뿔잠자리 🔸 20~25mm. 🔹 4~7월(봄). 🔸 소형 곤충(유충). 몸은 검은색이고 날개는 황색이며 초봄에 낮은 산지나 풀밭을 날아다닌다.

애사마귀붙이 🔸 8~17mm. 🔹 7~8월(여름). 🔸 거미류 알집(유충). 모습이 사마귀와 매우 많이 닮아서 이름이 지어졌다.

보날개풀잠자리과

보날개풀잠자리과

보날개풀잠자리 🔸 10mm 내외. 🔹 6~8월(여름). 🔸 진딧물류. 몸은 연갈색이고 앞날개에 그물 무늬가 복잡하게 얽혀 있다.

좀보날개풀잠자리 🔸 35mm 내외. 🔹 5~8월(여름). 🔸 진딧물류. 몸과 날개는 갈색이고 날개가 몸에 비해 매우 크고 넓적하다.

잎에서 만나는 곤충 > 바퀴목

바퀴목 > 사마귀과

성충

약충    알집(난괴)

왕사마귀
📏 68~95mm, 🗓 7~11월(가을), 🍴 곤충. 몸은 녹색이고 낫처럼 생긴 굵은 앞다리로 순식간에 먹잇감을 낚아챈다. 약충은 성충과 모습이 비슷하지만 크기가 매우 작다.

잎에서 만나는 곤충 > 바퀴목

사마귀과

성충 　　　　　　　　　　　　　　　　　알집(난괴)

사마귀
⌀ 65~90mm, ⏱ 9~11월(가을), 🍃 곤충. 몸은 녹색이고 왕사마귀보다 홀쭉하며 움직이는 곤충을 사냥한다. 나뭇가지와 바위 등의 단단한 곳에 알 무더기를 낳아 월동한다.

사마귀과

성충 　　　　　　　　　　　　　　　　　알집(난괴)

좀사마귀
⌀ 36~63mm, ⏱ 8~10월(가을), 🍃 곤충. 몸은 회갈색 또는 흑갈색이고 사마귀와 왕사마귀에 비해 크기가 작다. 바위와 돌 등의 단단한 곳에 갈색의 알 무더기를 낳는다.

잎에서 만나는 곤충 〉 바퀴목 | 집게벌레목

바퀴과

성충　　　　　　　　　　　　　　　　　약충

산바퀴
📏 12~14mm, 📅 4~10월(여름), 🍴 잡식성. 집에 사는 바퀴와 모습이 많이 닮았지만 산에서만 살며 낙엽과 식물질을 분해시킨다. 약충의 몸은 검은색이고 가장자리는 황색을 띤다.

집게벌레목 〉 집게벌레과

집게벌레과

고마로브집게벌레 📏 15~22mm, 📅 4~11월(여름), 🍴 소형 곤충, 각종 식물. 풀잎과 풀 줄기 사이를 돌아다니는 모습을 볼 수 있다.

좀집게벌레 📏 16mm 내외, 📅 5~9월(여름), 🍴 소형 곤충, 동물 사체. 땅에 있다가 풀잎 위로 올라와 기어 다니는 모습을 볼 수 있다.

313

작은주홍부전나비

꽃에서 만나는 곤충

딱정벌레목	316
나비목	322
노린재목	335
파리목	338
벌목	345
메뚜기목	351

꽃에서 만나는 곤충〉딱정벌레목

딱정벌레목〉하늘소과

암컷　　　　　　　　수컷

긴알락꽃하늘소 〈12~23mm, 5~7월(봄), 침엽수, 활엽수(유충). 다양한 꽃에 모여 꽃가루를 먹고 짝짓기도 한다. 암컷은 다리가 적갈색이며 수컷은 검은색이다.

하늘소과

하늘소과

붉은산꽃하늘소 〈12~22mm, 6~8월(여름), 소나무, 고사목(유충). 몸은 붉은색이고 꽃에 앉아서 꽃가루를 먹는다.

꽃하늘소 〈12~17mm, 5~8월(봄), 소나무, 가문비나무, 삼나무(유충). 다양한 꽃에 모여서 꽃가루를 먹는 모습이 보인다.

꽃에서 만나는 곤충 〉딱정벌레목

알통다리꽃하늘소 ⌀11~17mm, ⏲5~7월(봄), 🌸노린재나무 꽃가루, 신나무 꽃가루. 주황색 딱지날개에 10개의 검은색 점무늬가 있다.

열두점박이꽃하늘소 ⌀11~15mm, ⏲6~8월(여름), 🌸꽃가루(성충). 몸은 검은색이고 12개의 황색 점무늬가 있으며 유충은 죽은 나무를 먹고 산다.

육점박이범하늘소 ⌀7~13mm, ⏲5~7월(여름), 🌸국수나무 꽃(성충). 다양한 꽃에 모여 빠르게 움직이며 꽃가루를 먹는다.

산각시하늘소 ⌀7~11mm, ⏲5~6월(봄), 🌸꽃가루. 몸은 흑갈색이고 딱지날개에 4개의 황색 줄무늬가 있으며 꽃가루를 먹고 산다.

꽃에서 만나는 곤충 > 딱정벌레목

꽃무지과

기본형 　　　　　　　　　　　　　　　　이형 ①

이형 ②　　　　　　　　　　　　　　　　이형 ③

풀색꽃무지
◐ 10~14mm, ◐ 3~10월(봄), ◐ 꽃가루(성충). 몸은 녹색 또는 갈색이고 딱지날개의 점무늬도 변이가 많다. 여러 마리가 다양한 꽃에 함께 모여 꽃가루를 먹고 짝짓기를 한다.

꽃에서 만나는 곤충 > 딱정벌레목

호랑꽃무지 🔹8~13mm, 🔹4~11월(봄), 🔹꽃가루(성충). 모습이 호랑이처럼 보이고 유충은 썩은 나무를 먹고 산다.

검정꽃무지 🔹11~14mm, 🔹4~10월(봄), 🔹국수나무, 찔레(성충). 몸은 검은색이고 딱지날개 중앙에 연황색 무늬가 있다.

넓적꽃무지 🔹4~7mm, 🔹4~10월(봄), 🔹꽃가루(성충). 몸이 작아서 꽃 속에 파고 들어가 꽃가루를 먹고 있으면 눈에 잘 띄지 않는다.

목대장 🔹12~14mm, 🔹5~6월(봄), 🔹썩은 나무(유충). 모습이 꽃하늘소와 비슷해 보이지만 앞가슴등판이 삼각형이어서 다르다.

꽃에서 만나는 곤충 〉 딱정벌레목

하늘소붙이과

녹색하늘소붙이 📏 5~7㎜. ⏱ 4~5월(봄). 🍴 꽃가루(성충). 몸은 녹색이고 광택이 나며 다양한 꽃에 모여 꽃가루를 먹는다.

하늘소붙이과

밑검은하늘소붙이 📏 5.5~8㎜. ⏱ 4~6월(봄). 🍴 꽃가루(성충). 몸은 어두운 청색이고 황색과 흰색 꽃에 잘 모여든다.

하늘소붙이과

시베르스하늘소붙이 📏 8~12㎜. ⏱ 4~6월(봄). 🍴 꽃가루(성충). 몸이 가늘어서 꽃 속에 파묻혀 있으면 눈에 잘 띄지 않는다.

비단벌레과

꼬마넓적비단벌레 📏 3~5㎜. ⏱ 5~7월(봄). 🍴 꽃가루(성충). 앞가슴등판 가장자리에 붉은색 테두리가 뚜렷하고 꽃에 잘 모인다.

잎벌레과

점날개잎벌레
📏 3.2~4㎜. ⏱ 3~11월(봄). 🍴 꽃가루(성충). 민들레와 개망초 등의 꽃에 앉아서 꽃가루를 먹고 있으면 점처럼 보인다. 굵게 발달된 뒷다리로 벼룩처럼 잘 튀어 이동한다.

꽃에서 만나는 곤충 > 딱정벌레목

꽃벼룩과

꽃벼룩 🔗 5~6.5mm. 🕐 5~7월(여름). 🌿 개망초, 찔레나무, 양지꽃(성충). 꽃가루를 먹고 살며 벼룩처럼 톡톡 잘 튄다.

꽃벼룩과

밤갈색꽃벼룩 🔗 5.2~5.5mm. 🕐 5~7월(여름). 🌿 꽃가루(성충). 딱지날개에 갈색 무늬가 있고 꼬리는 가시처럼 뾰족하다.

수시렁이과

애알락수시렁이 🔗 2~3mm. 🕐 4~6월(봄). 🌿 꽃가루(성충). 몸은 동글동글하고 꽃가루를 먹고 살며 유충은 건조한 동물질과 식물질을 먹고 산다.

밑빠진벌레과

호리납작밑빠진벌레 🔗 2.4~3.7mm. 🕐 5~7월(봄). 🌿 꽃가루, 열매(성충). 몸은 황갈색이고 연갈색 털이 많으며 꽃에 잘 모인다.

바구미과

흰점박이꽃바구미 🔗 4.8~5.6mm. 🕐 5~9월(여름). 🌿 꽃가루(성충). 몸은 검은색이고 딱지날개에 황백색 털이 있으며 꽃에 잘 모인다.

바구미과

버들깨알바구미 🔗 1.8~2.6mm. 🕐 6~8월(여름). 🌿 꽃가루(성충). 몸은 적갈색이고 깨알처럼 크기가 매우 작으며 주둥이가 길쭉하다.

321

꽃에서 만나는 곤충 > 나비목

나비목 > 호랑나비과

성충(날개 윗면)

성충(날개 아랫면)

호랑나비
📏 56~97㎜. 📅 3~11월(봄). 🌿 진달래, 참나리(성충). 날개가 호랑이의 줄무늬를 닮았고 산과 들의 꽃에 모여 꿀을 빤다. 뒷날개 아랫면에는 붉은색 무늬가 뚜렷하다.

꽃에서 만나는 곤충〉나비목

호랑나비과

유충(3령)  / 유충(종령)

번데기  / 알

호랑나비
📏 56~97mm, 📅 3~11월(봄), 🌿 산초나무, 탱자나무, 황벽나무(유충), 유충은 1령~4령까지는 새똥 모양이지만 종령(5령) 유충이 되면 진한 녹색을 띤다.

꽃에서 만나는 곤충 > 나비목

호랑나비과

날개 윗면   날개 아래면

애호랑나비
/ 39~49mm. ⓒ 3~6월(봄). ⓕ 족도리, 개족도리(유충). 진달래와 얼레지, 제비꽃 등의 꿀을 빨며 번데기로 월동한다. 수컷은 암컷의 배 끝에 수태낭을 만든다.

호랑나비과

호랑나비과

모시나비 / 43~60mm. ⓒ 5~6월(봄). ⓕ 왜현호색, 산괴불주머니, 현호색(유충). 꽃에 모여 꿀을 빨고 수컷은 암컷의 배 끝에 수태낭을 만든다.

꼬리명주나비 / 42~58mm. ⓒ 4~9월(봄). ⓕ 쥐방울덩굴(유충). 날개는 명주 헝겊처럼 보이며 꼬리돌기가 매우 길다.

꽃에서 만나는 곤충 〉 나비목

`호랑나비과`

제비나비
📏 85~120mm, 🕐 4~9월(봄), 🌿 산초나무, 황벽나무, 상산(유충). 모습이 제비처럼 보인다고 해서 이름이 지어졌다. 꽃에 모여 꿀을 빨지만 땅에 앉아 물도 잘 먹는다.

`호랑나비과`

긴꼬리제비나비 📏 60~120mm, 🕐 4~9월(봄), 🌿 산초나무, 초피나무, 머귀나무(유충), 수수꽃다리와 나리 등의 꽃에 모여 꿀을 빤다.

`네발나비과`

굴뚝나비 📏 50~71mm, 🕐 6~9월(여름), 🌿 참억새, 새포아풀(유충). 개망초 등의 꽃에 모여 꿀을 빨고 날개가 칙칙해서 나방으로 착각한다.

꽃에서 만나는 곤충 〉 나비목

네발나비과

봄형 / 여름형

거꾸로여덟팔나비
35~46mm, 4~9월(봄), 거북꼬리(유충). 날개 아랫면의 복잡한 그물 무늬가 거미줄처럼 보인다. 봄형과 여름형에 따라 무늬와 빛깔이 서로 다르다.

네발나비과

날개 윗면 / 날개 아랫면

작은멋쟁이나비
43~59mm, 4~11월(가을), 참쑥, 쑥(유충). 국화와 코스모스 등의 꽃에서 꿀을 빨고 날개 빛깔이 화려해서 이름이 지어졌다. 날개 윗면과 아랫면이 차이가 많다.

꽃에서 만나는 곤충 〉나비목

은줄표범나비 🦋 58~68mm, ⏱ 5~10월(가을), 🌱 제비꽃류(유충). 엉겅퀴 등의 꽃에서 꿀을 빨고 무더운 7~8월에는 여름잠을 잔다.

긴은점표범나비 🦋 57~72mm, ⏱ 6~9월(가을), 🌱 털제비꽃(유충). 날개 아랫면에 은색 점무늬가 있고 꽃에 모여 꿀을 빤다.

흰줄표범나비 🦋 52~63mm, ⏱ 6~10월(여름), 🌱 제비꽃류(유충). 풀밭을 날아다니며 꿀을 빨고 여름잠을 잔 후 9월에 다시 활동한다.

큰흰줄표범나비 🦋 58~69mm, ⏱ 6~8월(여름), 🌱 제비꽃류(유충). 날개의 무늬가 네발나비와 매우 비슷해서 착각하는 경우가 많다.

꽃에서 만나는 곤충 > 나비목

네발나비과

성충(날개 윗면)  / 성충(날개 아랫면)  / 유충  / 번데기

암끝검은표범나비
∅ 64~80mm, ⏱ 3~11월(여름), 🌸 제비꽃류(유충), 엉겅퀴와 코스모스 등의 꽃에 모여 꿀을 빤다. 유충은 등에 붉은색 줄무늬가 있고 번데기는 황갈색이며 돌기가 있다.

노랑나비 📏 38~50mm, 🗓 3~11월(여름), 🌱 자운영, 비수리, 토끼풀(유충). 마을 주변과 하천, 산지의 풀밭을 날아다니며 꿀을 빤다.

남방노랑나비 📏 32~47mm, 🗓 5~11월(여름), 🌱 비수리, 자귀나무(유충). 들판을 낮게 날아다니며 꽃에 모여 꿀을 빤다.

갈구리나비 📏 43~47mm, 🗓 4~5월(봄), 🌱 냉이, 장대나물(유충). 날개가 흰색이고 끝은 주황색이며 갈고리처럼 휘어져 있다.

큰줄흰나비 📏 41~55mm, 🗓 4~10월(봄), 🌱 미나리냉이, 속속이풀, 배추, 무(유충). 들판에 핀 다양한 꽃에 모여 꿀을 빤다.

꽃에서 만나는 곤충 〉 나비목

흰나비과

흰나비과

대만흰나비 ⚭ 37~46mm. ⏱ 4~10월(여름). 🍴 나도냉이, 속속이풀(유충). 경작지와 산림 경계 부근을 날아다니며 꿀을 빤다.

배추흰나비 ⚭ 39~52mm. ⏱ 3~11월(봄). 🍴 배추, 무, 양배추, 냉이, 갓(유충). 배추나 무를 기르는 경작지에 살며 메밀과 엉겅퀴 등의 꿀을 빤다.

부전나비과

부전나비과

범부전나비 ⚭ 26~33mm. ⏱ 4~9월(봄). 🍴 고삼, 아까시나무, 갈매나무. 풀밭을 빠르게 날며 개망초 등의 꽃에 모여 꿀을 빤다.

푸른부전나비 ⚭ 26~32mm. ⏱ 3~10월(여름). 🍴 싸리, 고삼, 칡(유충). 산지나 풀밭의 꽃에 모여 꿀을 빨고 번데기로 월동한다.

꽃에서 만나는 곤충 〉나비목

암먹부전나비 🦋 17~28㎜, 🕐 3~10월(여름), 🌿 매듭풀, 갈퀴나물(유충). 민들레와 갈퀴나물, 개망초 등의 꽃에 모여 꿀을 빤다.

부전나비 🦋 26~32㎜, 🕐 5~10월(여름), 🌿 갈퀴나물, 낭아초(유충). 낮은 산지의 풀밭과 논둑을 날아다니며 꿀을 빤다.

큰주홍부전나비 🦋 26~41㎜, 🕐 5~10월(여름), 🌿 참소리쟁이(유충). 날개는 주홍색이고 풀밭에서 민들레와 여뀌 등의 꿀을 빤다.

작은주홍부전나비 🦋 26~34㎜, 🕐 4~10월(여름), 🌿 애기수영, 소리쟁이(유충). 토끼풀과 개망초 등의 꽃에 모여 꿀을 빤다.

꽃에서 만나는 곤충 〉 나비목

팔랑나비과

줄점팔랑나비 / 33~40mm. 5~11월(여름). 참억새, 강아지풀, 벼(유충). 국화와 메밀, 고마리 등의 꽃에서 꿀을 빤다.

팔랑나비과

산줄점팔랑나비 / 26~35mm. 4~8월(여름). 참억새(유충). 날개는 흑갈색이고 날개 중앙에도 흰색 점무늬가 있다.

팔랑나비과

줄꼬마팔랑나비 / 26~30mm. 6~8월(여름). 갈풀, 강아지풀(유충). 개망초와 큰까치수염 등의 꽃꿀을 빨고 벼과 식물에 알을 낳는다.

팔랑나비과

멧팔랑나비 / 31~39mm. 3~6월(봄). 떡갈나무, 졸참나무(유충). 빠르게 날아다니며 줄딸기와 제비꽃 등의 꽃에서 꿀을 빤다.

꽃에서 만나는 곤충 > 나비목

박각시과

벌꼬리박각시
50㎜ 내외, 7~9월(여름), 계요등(유충). 몸은 갈색이고 꼬리 부분은 검은색을 띤다. 꿀을 빨기 위해 공중에서 정지 비행하는 모습이 벌새처럼 보인다.

박각시과

작은검은꼬리박각시
42~45㎜, 7~10월(여름), 꼭두서니(유충). 꽃에 날아와서 기다란 주둥이를 내밀어 꿀을 빤다. '박꽃에 모이는 예쁜 각시'라는 뜻으로 '박각시'라는 이름이 지어졌다.

꽃에서 만나는 곤충 〉 나비목

애기나방과

뿔나비나방과

노랑애기나방 🦋 31~42mm. 🕐 7~8월(여름). 🍯 꽃꿀. 풀밭에 핀 꽃에 앉아 꿀을 빨고 뚱뚱한 황색 배 부분이 벌처럼 위협적으로 보인다.

뿔나비나방 🦋 29~33mm. 🕐 4~8월(봄). 🌿 양치식물(유충). 날개 끝이 뾰족하고 주홍색 반달무늬가 있으며 모습이 뿔나비를 닮았다.

창나방과

애기비단나방과

깜둥이창나방 🦋 16~18mm. 🕐 5~8월(여름). 풀밭에 핀 꽃 사이를 빠르게 날며 개망초 등의 다양한 꽃에서 꿀을 빤다.

두점애기비단나방 🦋 11~14mm. 🕐 6~7월(여름). 몸이 길쭉하고 앞날개에 황색 점무늬가 있으며 황색과 흰색 꽃에 잘 모인다.

꽃에서 만나는 곤충 〉 나비목 | 노린재목

밤나방과

멸강나방 🔲 40~48mm, 🕐 4~10월(여름), 🍃 벼, 보리(유충). 날개는 황갈색이고 벼과 식물을 갉아 먹어서 농작물에 피해를 준다.

밤나방과

콩은무늬밤나방 🔲 33~35mm, 🕐 6~10월(여름), 🍃 콩(유충). 앞날개 중앙에 은색 무늬가 있어서 '콩은무늬밤나방'이라고 불린다.

노린재목 〉 노린재과

썩덩나무노린재 🔲 13~18mm, 🕐 3~11월(가을), 🍃 각종 식물, 과일나무. 작물이나 과수의 즙을 빨아 먹지만 꽃에 모여 즙을 빠는 모습도 보인다.

노린재과

알락수염노린재 🔲 10~14mm, 🕐 3~11월(여름), 🍃 콩류, 국화류, 십자화류, 벼류. 산과 들에 핀 다양한 꽃에 날아들어 즙을 빤다.

꽃에서 만나는 곤충 > 노린재목

노린재과

가시노린재 🖊8~10mm, 🕐5~10월(여름), 🌼국화류, 미나리류, 장미류. 몸은 갈색이고 앞가슴등판이 가시처럼 뾰족하며 꽃에 주둥이를 꽂고 즙을 빤다.

노린재과

깜보라노린재 🖊7~10mm, 🕐4~11월(가을), 🌼상수리나무, 감나무. 다양한 꽃에 모여 주둥이를 꽂고 즙을 빨아 먹는다.

실노린재과

대성산실노린재 🖊8mm 내외, 🕐3~10월(여름), 🌼각종 식물. 다리가 실처럼 매우 가늘고 꽃에 모여 즙을 빨며 우리나라에만 사는 고유종이다.

알노린재과

희미무늬알노린재 🖊3~4mm, 🕐4~10월(여름), 🌼여뀌류. 다양한 꽃 위에 앉아서 즙을 빠는 모습이 둥근 알처럼 보인다.

꽃에서 만나는 곤충 > 노린재목

잡초노린재과

붉은잡초노린재 🕮 6~8mm. ⏱ 4~10월(여름). 🍴 벼류, 국화류, 마디풀류. 들판이나 야산의 풀밭에 핀 다양한 꽃의 즙을 빤다.

잡초노린재과

삿포로잡초노린재 🕮 6.5~8mm. ⏱ 4~10월(여름). 🍴 벼류, 국화류, 마디풀류. 산지나 풀밭에 핀 다양한 식물의 꽃에 모여 즙을 빤다.

긴노린재과

닮은애긴노린재 🕮 4~5mm. ⏱ 4~10월(여름). 🍴 개망초, 민들레. 들판에 핀 다양한 국화과 식물의 꽃에 무리 지어 모여서 즙을 빤다.

긴노린재과

긴노린재과

큰딱부리긴노린재 🕮 4~6mm. ⏱ 4~11월(여름). 🍴 곤충, 각종 식물. 겹눈이 불룩 튀어나왔고 다양한 꽃에 모여 즙을 빤다.

십자무늬긴노린재 🕮 8~11mm. ⏱ 3~11월(여름). 🍴 박주가리, 감나무. 야산이나 경작지 주변에 핀 꽃에 모여 즙을 빤다.

꽃에서 만나는 곤충 > 파리목

파리목 > 꽃등에과

수컷　　암컷

배짧은꽃등에

10~13mm. 4~10월(여름). 꽃가루(성충). 몸은 검은색이고 배 부분에 황갈색 줄무늬가 있다. 산과 들에 핀 다양한 꽃에 모여 꽃가루를 먹고 있는 모습이 꿀벌과 매우 비슷해 보인다.

꽃등에과

기본형　　이형

수중다리꽃등에

12~14mm. 3~11월(봄). 썩은 식물(유충). 몸은 흑갈색이고 뒷다리가 굵어서 '수중다리꽃등에'로 이름이 지어졌다. 배마디에 황색 무늬가 많은 이형도 있으며 꽃을 찾아 빠르게 날아다닌다.

기본형 / 이형

꽃등에
🔹14~16㎜. ⏰4~11월(여름). 🍽꽃가루(성충). 몸은 진한 흑갈색이고 배에 적갈색 무늬가 있으며 배 부분의 적갈색 무늬가 다른 이형도 있다. 다양한 꽃에 모여 꽃가루를 먹고 산다.

왕꽃등에 🔹12~16㎜. ⏰6~10월(여름). 🍽꽃가루(성충). 몸은 검은색 배는 갈색이고 검은색 줄무늬가 있으며 국화과 식물의 꽃가루를 먹는다.

덩굴꽃등에 🔹11㎜ 내외. ⏰4~11월(가을). 🍽꽃가루(성충). 몸은 검은색이고 배 부분에 흰색 가로줄무늬가 뚜렷하며 꽃가루를 먹고 산다.

꽃에서 만나는 곤충〉파리목

꽃등에과

수컷　　　　　　　　　　　　　암컷

눈루리꽃등에
11~12mm. 5~11월(여름). 꽃가루(성충). 몸은 검은색이고 겹눈은 황색이며 꽃가루를 먹기 위해 꽃을 찾아 날아다닌다. 암컷은 수컷과 달리 앞가슴등판과 배마디에 황색 줄무늬가 많다.

꽃등에과

꽃등에과

알통다리꽃등에 8~10mm. 5~10월(여름). 퇴비, 썩은 물질(유충). 뒷다리가 알통처럼 굵고 다양한 꽃에 모여 꽃가루를 먹는다.

알락허리꽃등에 10~11mm. 5~8월(여름). 썩은 식물(유충). 몸은 검은색이고 뒷다리는 굵지만 나머지 다리는 가늘다.

꽃에서 만나는 곤충 〉 파리목

장수말벌집대모꽃등에 📏15~16㎜. ⏲7~9월(여름). 🍴말벌류 사체(유충). 몸은 붉은색, 배는 청람색이며 말벌류 둥지에 기생한다.

배세줄꽃등에 📏11~13㎜. ⏲5~7월(여름). 🍴꽃가루(성충). 몸은 검은색이고 배에 3개의 황색 줄무늬가 있으며 꽃가루를 먹고 산다.

호리꽃등에 📏8~11㎜. ⏲4~11월(봄). 🍴진딧물류(유충). 몸이 호리호리하고 배에 검은색 줄무늬가 많으며 매우 흔하게 보인다.

쟈바꽃등에 📏7.5~10㎜. ⏲4~10월(봄). 🍴진딧물류(유충). 몸은 황색, 앞가슴등판은 검은색이며 배에 갈색 줄무늬가 있다.

341

꽃에서 만나는 곤충〉파리목

수컷　　　　　　　　　　　　　　암컷

꼬마꽃등에
🔍 8~9mm, 📅 4~11월(봄), 🍽 진딧물(유충). 몸은 가늘고 검은색이며 앞가슴등판은 구리색 광택이 난다. 수컷은 배마디에 줄무늬가 없지만 암컷은 줄무늬가 있다.

물결넓적꽃등에 🔍 10~12mm, 📅 4~11월(여름), 🍽 진딧물(유충). 배에 3개의 물결 모양 황색 줄무늬가 있으며 꽃에 잘 모인다.

스즈키나나니등에 🔍 20mm 내외, 📅 8~9월(여름), 🍽 꽃꿀(성충). 몸이 매우 가늘고 길어서 모습이 나나니벌과 매우 비슷해 보인다.

꽃에서 만나는 곤충〉파리목

빌로오도재니등에 📏 7~12mm. 📅 4~6월(봄). 🍯 꽃꿀(성충). 몸에 연황색 털이 빽빽하며 공중에서 정지 비행을 잘한다.

좀털보재니등에 📏 10mm 내외. 📅 4~5월(봄). 🍯 꽃꿀(성충). 몸에 연황색 털이 많고 꿀을 빨기 위해 산지에 핀 꽃을 찾아 바쁘게 날아다닌다.

점박이꽃검정파리 📏 5~7mm. 📅 6~11월(가을). 🍯 꽃가루(성충). 몸은 어두운 녹색이고 국화과 식물의 꽃에 모여 꽃가루를 핥아 먹는다.

초록파리 📏 9~10mm. 📅 6~11월(가을). 🍯 꽃가루(성충). 몸은 흑갈색이고 앞가슴등판이 초록빛을 띠며 꽃등에처럼 꽃에 모여 꽃가루를 핥아 먹는다.

꽃에서 만나는 곤충〉파리목

기생파리과

중국별뚱보기생파리 8~12mm, 5~10월(여름), 곤충 기생. 몸은 연주황색이고 숲에 핀 다양한 꽃을 찾아 빠르게 날아다닌다.

기생파리과

뚱보기생파리 13mm 내외, 5~10월(여름), 노린재 기생. 몸은 주황색이고 배 중앙에 검은색 점무늬가 있다.

기생파리과

노랑털기생파리 15mm 내외, 4~10월(여름), 나방류 기생. 몸은 뚱뚱하고 털이 뾰족뾰족나 꽃에 모여 꽃가루를 먹는다.

벌붙이파리과

조잔벌붙이파리 10mm 내외, 8~9월(여름), 벌류 유충 기생. 허리는 개미허리처럼 잘록하지만 배 끝 부분으로 갈수록 점점 굵어진다.

벌목 〉 꿀벌과

양봉꿀벌 10~17mm, 3~10월(여름), 꽃가루, 꽃꿀(유충). 꽃에 모여 꿀을 빨아서 몸 속에 저장하고 꽃가루는 뒷다리에 모은다.

꿀벌과

재래꿀벌 11mm 내외, 3~11월(여름), 꽃가루, 꽃꿀(유충). 모습이 양봉꿀벌과 비슷하지만 배가 검은색이며 '토종꿀벌'이라고 부른다.

꿀벌과

수염줄벌 12~14mm, 4~6월(봄), 꽃가루, 꽃꿀(유충). 몸은 검은색이고 더듬이가 수염처럼 매우 길어서 이름이 지어졌다.

꿀벌과

일본애수염줄벌 14mm 내외, 4~6월(봄), 꽃가루, 꽃꿀(유충). 머리는 잔털로 덮여 있고 땅속에 집을 만들고 꽃가루를 모은다.

꽃에서 만나는 곤충 > 벌목

꿀벌과

수컷   암컷

호박벌
12~23mm. 4~10월(여름). 꽃가루, 꽃꿀(유충). 몸이 뚱뚱하고 빠르게 날아다니며 호박꽃에 잘 모인다. 암컷은 몸이 검은색이지만 수컷은 황색이다.

꿀벌과

어리호박벌
20~23mm. 4~8월(봄). 꽃가루, 꽃꿀(유충). 몸은 검은색이고 앞가슴등판은 황색을 띤다. 호박벌보다 훨씬 크고 뚱뚱해서 날아다니는 모습이 위협적으로 느껴진다.

꽃에서 만나는 곤충 〉 벌목

꿀벌과

루리알락꽃벌 📏15mm 내외. 🗓4~10월(여름). 🍴꽃가루, 꽃꿀. 청색 띠무늬가 청보석을 닮아서 '루리'라고 이름이 지어졌다.

털보애꽃벌과

털보애꽃벌 📏13mm 내외. 🗓8~9월(여름). 🍴꽃가루, 꽃꿀. 몸은 검은색이고 배마디에 황백색 털로 된 가로띠무늬가 있다.

꼬마꽃벌과

흰줄꼬마꽃벌 📏8mm 내외. 🗓6~10월(여름). 🍴꽃가루, 꽃꿀. 몸은 검은색이고 배마디에 흰색 줄무늬가 있으며 크기가 매우 작다.

꼬마꽃벌과

홍배꼬마꽃벌 📏8~10mm. 🗓4~7월(봄). 🍴꽃가루, 꽃꿀. 몸은 검은색이고 짧은 털이 많으며 배가 붉은색을 띤다.

꽃에서 만나는 곤충 〉벌목

꼬마꽃벌과

꼬마꽃벌과

어리흰줄애꽃벌 9㎜ 내외. 6~10월(여름). 꽃가루, 꽃꿀. 배에 흰색 줄이 뚜렷하고 꿀벌처럼 뒷다리에 꽃가루를 모은다.

구리꼬마꽃벌 8㎜ 내외. 8~9월(여름). 꽃가루, 꽃꿀. 몸이 구리색이어서 이름이 지어졌고 꿀과 꽃가루를 모은다.

가위벌과

가위벌과

극동가위벌 12㎜ 내외. 5~8월(여름). 꽃가루, 꽃꿀(유충). 몸은 검은색이고 황색 털이 많으며 꿀벌에서처럼 꽃에 잘 모인다.

장미가위벌 12~13㎜. 6~9월(여름). 꽃가루, 꽃꿀(유충). 몸은 검은색이고 장미 등의 나뭇잎을 오려서 둥근 집을 만든다.

꽃에서 만나는 곤충 〉 벌목

말벌과

성충　　　　　　　　　　　　　집

호리병벌　25~30mm, 6~10월(여름), 나비류 유충, 나방류 유충(유충). 산과 들의 풀밭 주변에 살면서 나비류와 잎벌류 등의 유충을 사냥한다. 진흙으로 항아리 모양의 집을 만든다.

점호리병벌　10~13mm, 7~9월(여름), 나비류 유충(유충). 몸은 검은색이고 배 부분에 황색 줄무늬와 점무늬가 있다.

민호리병벌　15mm 내외, 6~8월(여름), 나방류 유충(유충). 몸은 검은색이고 식물의 줄기에 흙을 붙여 항아리 모양의 집을 만든다.

꽃에서 만나는 곤충 〉 벌목

말벌과

말벌과

줄무늬감탕벌 18㎜ 내외. 6~9월(여름). 나방류 유충(유충). 몸은 검은색이고 배에는 2개의 황색 줄무늬가 선명하다.

한국꼬마감탕벌 10㎜ 내외. 7~10월(여름). 몸은 검은색이고 배 부분에 2개의 황색 줄무늬가 있고 우리나라 고유종이다.

말벌과

대모벌과

별쌍살벌 11~17㎜. 4~10월(여름). 나비류 유충. 몸은 검은색이고 황색 점무늬가 많으며 빠르게 날아다니며 사냥한다.

대모벌 22~25㎜. 7~9월(여름). 거미류(유충). 빠르게 날아다니며 귀신거미를 침으로 찔러 마취시킨 후 알을 낳는다.

배벌과

배벌 🔹19~33mm. 🔹5~8월(여름). 🔹풍뎅이 유충 기생. 몸은 검은색이고 앞가슴등판에 황갈색 털이 많으며 배마디에는 흰색 줄무늬가 있다. 풍뎅이 유충의 몸속에 알을 낳는다.

배벌과

긴배벌 🔹21~30mm. 🔹5~8월(여름). 몸은 검은색이고 배벌에 비해 매우 호리호리하며 배마디에 황색 줄무늬가 있다.

메뚜기목〉귀뚜라미과

긴꼬리 🔹14~20mm. 🔹8~10월(여름). 🔹꽃가루, 진딧물. 몸이 꼬리처럼 매우 길쭉하며 주로 풀을 먹지만 꽃에 모여 꽃가루도 먹는다.

애매미

나무에서 만나는 곤충

딱정벌레목	354
노린재목	372
벌목	378
바퀴목	380
대벌레목	381

나무에서 만나는 곤충 > 딱정벌레목

딱정벌레목 > 하늘소과

하늘소 📏 34~57mm, 🗓 6~8월(여름), 🍴 밤나무, 졸참나무, 상수리나무(유충). 몸은 흑갈색이고 황도색 털이 덮여 있다. 더듬이는 수컷이 암컷보다 훨씬 더 길며 밤이 되면 불빛에도 잘 날아온다.

작은넓적하늘소 📏 8~15mm, 🗓 5~8월(여름), 🍴 침엽수(유충). 몸은 검은색 또는 흑갈색이고 더듬이는 짧으며 죽은 나무나 벌채목 위에서 보인다.

애청삼나무하늘소 📏 5~14mm, 🗓 4~7월(여름), 🍴 국수나무 꽃가루, 밤나무 꽃가루, 나무껍질과 비슷한 보호색을 갖고 있으며 벌채목에 잘 모인다.

나무에서 만나는 곤충 〉딱정벌레목

장수하늘소 📏 55~110mm. ⏰ 7~8월(여름). 🍃 서어나무, 참나무(유충). 훼손되지 않은 울창한 자연림에 살며 천연기념물 218호이다.

참나무하늘소 📏 40~52mm. ⏰ 5~7월(여름). 🍃 참나무류, 버드나무, 느릅나무(유충). 앞가슴등판에 쌍, 딱지날개에 5쌍의 흰색 무늬를 갖고 있다.

성충   유충

버들하늘소 📏 32~60mm. ⏰ 6~8월(여름). 🍃 활엽수(유충). 몸은 암갈색이고 밤에 되면 불빛에도 매우 잘 날아온다. 유충은 나무를 갉아 먹고 산다.

나무에서 만나는 곤충 > 딱정벌레목

하늘소과

수컷(왼쪽 개체)

암컷

벚나무사향하늘소
◐ 25~35㎜. ◐ 7~8월(여름). ◐ 벚나무, 복숭아나무. 몸은 흑남색이고 광택이 나며 앞가슴등판 양옆에 뾰족한 돌기가 있다. 수컷은 암컷에 비해 더듬이가 훨씬 더 길다.

나무에서 만나는 곤충 > 딱정벌레목

소나무하늘소 🔲 12~20mm, 📅 10월~이듬해 5월(봄), 🌿 분비나무, 소나무, 잣나무(유충). 몸에 점무늬가 많아서 얼룩덜룩하여 나무껍질처럼 보인다.

벌호랑하늘소 🔲 8~19mm, 📅 5~6월(여름), 🌿 버드나무, 신갈나무(유충). 모습이 벌과 닮았고 나무 위를 빠르게 기어 다닌다.

참풀색하늘소 🔲 15~30mm, 📅 6~8월(여름), 🌿 참나무류(유충). 몸은 녹색이고 광택이 나며 참나무류의 나뭇진에 잘 모인다.

새똥하늘소 🔲 6~8mm, 📅 2~7월(봄), 🌿 두릅나무, 밤나무, 신갈나무(유충). 몸은 검은색이고 딱지날개 윗부분은 흰색이며 생김새가 새똥처럼 보인다.

357

나무에서 만나는 곤충 〉 딱정벌레목

알락하늘소
🔹 25~35mm, 🕐 6~8월(여름), 🌳 플라타너스, 버드나무(유충). 몸은 검은색이고 날개에 흰색 점무늬가 많다. 활엽수림과 도시의 가로수, 정원수에서도 볼 수 있다.

우리목하늘소 🔹 24~35mm, 🕐 5~8월(여름), 🌳 참나무류(유충). 참나무류의 벌채목과 죽은 나무에 살며 나무 빛깔의 보호색을 갖는다.

털두꺼비하늘소 🔹 19~25mm, 🕐 3~10월(여름), 🌳 상수리나무, 밤나무. 참나무류의 벌채목과 버섯 재배장, 숲에서 쉽게 발견된다.

나무에서 만나는 곤충 〉 딱정벌레목

깨다시하늘소　🔸10~17mm, 🕒5~8월(여름). 🍃참나무류(유충). 몸은 검은색이고 불규칙한 황갈색 털이 있으며 죽은 나무에 산다.

흰깨다시하늘소　🔸10~18mm, 🕒5~8월(여름). 🍃침엽수, 활엽수(유충). 몸은 갈색이고 딱지날개에 흰색 점무늬가 있다.

북방수염하늘소　🔸11~19mm, 🕒5~8월(여름). 🍃침엽수(소나무), 벌채목(유충). 몸은 흑갈색이고 소나무재선충을 옮기는 수목해충이다.

점박이수염하늘소　🔸12~15mm, 🕒5~8월(여름). 🍃호두나무(유충). 몸은 흑갈색이고 딱지날개에 1쌍의 흰색 점무늬가 있다.

사슴벌레과

수컷

암컷   유충

넓적사슴벌레
🗡20~84mm, 🕐6~8월(여름), 🍽나뭇진(성충). 몸은 검은색이며 수컷은 큰턱이 크지만 암컷은 매우 작다. 유충은 참나무를 갉아 먹고 살기 위해 큰턱이 발달되었다.

사슴벌레과

수컷

암컷

왕사슴벌레
📏 25~76㎜, 📅 6~9월(여름), 🍴 나뭇진(성충). 몸은 검은색이고 광택이 나며 수명은 3년으로 매우 길다. 암컷은 수컷보다 매우 작고 딱지날개에 줄무늬가 많다.

나무에서 만나는 곤충 > 딱정벌레목

사슴벌레과

수컷　　　암컷

애사슴벌레
🔄 12~53㎜, 📅 5~9월(여름), 🍽 나뭇진(성충). 몸은 검은색이고 모습이 넓적사슴벌레와 비슷해 보이지만 크기도 훨씬 작고 큰턱의 형태도 다르다. 유충과 성충으로 월동한다.

사슴벌레과

참넓적사슴벌레
🔄 24~66㎜, 📅 7~9월(여름), 🍽 나뭇진(성충). 모습이 넓적사슴벌레와 비슷해 보이지만 큰턱이 둥글게 휘었다. 넓적사슴벌레가 사는 참나무 숲에 살지만 개체 수가 매우 적다.

나무에서 만나는 곤충 〉 딱정벌레목

사슴벌레과

톱사슴벌레
📏 22~74mm, 📅 6~9월(여름), 🍽 나뭇진(성충). 몸은 흑갈색 또는 적갈색이고 큰턱의 안쪽이 톱니 모양이다. 스트레스에 매우 약해서 건드리면 매우 거칠게 화를 잘 낸다.

사슴벌레과

수컷　　　　　　　　　　　　　　　　　　　　　　　암컷

두점박이사슴벌레
📏 24~66mm, 📅 7~9월(여름), 🍽 나뭇진(성충). 몸은 갈색이고 앞가슴등판 양옆에 검은색 점무늬가 있다. 제주도에만 사는 사슴벌레로 멸종위기곤충 2급으로 지정되어 있다.

나무에서 만나는 곤충 〉 딱정벌레목

장수풍뎅이과

수컷

암컷   유충

장수풍뎅이
📏 30~83mm, 📅 7~9월(여름), 🍴 나뭇진(성충). 몸은 흑갈색 또는 적갈색이고 장수처럼 힘이 세며 수컷은 뿔이 있지만 암컷은 뿔이 없다. 유충은 땅속에서 부엽토를 먹는다.

나무에서 만나는 곤충 〉딱정벌레목

장수풍뎅이과

외뿔장수풍뎅이
◎ 18~24mm. ◎ 5~8월(여름). ◎ 나뭇진(성충). 몸은 검은색이고 약한 광택이 있으며 앞가슴등판 부분이 움푹 들어갔다. 머리에 1개의 짧은 뿔이 있어서 이름이 지어졌다.

꽃무지과

성충　　　　　　　　　　　　　유충

흰점박이꽃무지
◎ 17~22mm. ◎ 5~10월(여름). ◎ 나뭇진(성충). 몸은 녹갈색이나 구리색, 붉은색 등 변이가 다양하고 나뭇진에 잘 모여든다. 유충은 썩은 식물질을 먹고 등으로 기어 다닌다.

나무에서 만나는 곤충 〉딱정벌레목

꽃무지과

수컷　　　　　　　　　암컷

사슴풍뎅이 📏 21~35mm. 📅 5~7월(여름). 🍽 나뭇진(성충). 수컷은 적갈색 또는 암갈색의 몸에 회백색 가루가 덮여 있고 사슴뿔 모양의 돌기가 있다. 암컷은 진갈색이고 뿔이 없다.

거저리과

거저리과

호리병거저리 📏 14~16mm. 📅 4~11월(봄). 🍽 썩은 나무. 몸은 검은색이고 광택이 있으며 모습이 호리병이나 표주박을 닮았다.

우묵거저리 📏 9~12.5mm. 📅 4~11월(봄). 🍽 썩은 나무. 몸은 검은색 또는 적갈색의 타원형이며 참나무와 소나무의 나무속에서 월동한다.

나무에서 만나는 곤충 > 딱정벌레목

거저리과

성충　　　　　　　　　　　　　　　　　　　　유충
산맴돌이거저리
🖉 15~18mm. ⏱ 5~9월(여름). 🍃 썩은 나무(유충). 몸은 검은색이고 벌채목과 썩은 나무에 살며 나무속에서 유충으로 월동한다. 유충은 긴 원통형이고 검은색 줄무늬가 있다.

거저리과

성충 　　　　　　　　　　　　　　　　　　　　유충
보라거저리
🖉 14~16mm. ⏱ 4~11월(봄). 🍃 썩은 나무, 고사목(유충). 몸은 검은색이고 딱지날개에 보라색 광택이 있으며 나무속에서 유충으로 월동한다. 유충은 원통형이고 연황색이다.

367

나무에서 만나는 곤충 〉딱정벌레목

거저리과

금강산거저리 ⌀ 7~9mm. ⊙ 4~11월(여름). ⓕ 버섯류. 몸은 검은색이고 타원형이며 딱지날개 윗부분 양쪽에 붉은색 무늬가 있다.

버섯벌레과

털보왕버섯벌레 ⌀ 9~13mm. ⊙ 6월~이듬해 3월(봄). ⓕ 버섯류. 몸은 검은색이고 딱지날개에 주황색 톱니 모양의 무늬가 있다.

버섯벌레과

쌍점둥근버섯벌레 ⌀ 4~4.5mm. ⊙ 6월~이듬해 3월(여름). ⓕ 버섯류. 몸은 검은색이고 딱지날개 중앙에 1쌍의 붉은색 점무늬가 있다.

소바구미과

북방길쭉소바구미 ⌀ 5~10mm. ⊙ 6~8월(여름). 몸은 길쭉한 원통형이고 흰색과 황갈색 털로 덮여 있으며 주둥이는 매우 짧다.

소바구미과

소바구미 ⌀ 3.7~6.2mm. ⊙ 6~9월(여름). ⓕ 때죽나무. 몸은 황갈색 털로 덮여 있고 딱지날개에 검은색 점무늬가 많으며 더듬이는 몸 길이보다 길다.

바구미과

엉겅퀴통바구미 ⌀ 8~10.5mm. ⊙ 5~8월(여름). 몸은 흑갈색이고 주둥이가 매우 길며 더듬이가 ㄱ자 모양으로 꺾여 있다.

나무에서 만나는 곤충 > 딱정벌레목

극동버들바구미 ⬚ 7~11mm, ⏱ 6~9월(여름), 🍴 나뭇진(성충). 몸은 검은색이고 앞가슴등판과 딱지날개 끝은 흰색이고 활엽수의 나뭇진에 모인다.

옻나무바구미 ⬚ 15~20mm, ⏱ 5~8월(여름), 🍴 상수리나무 진(성충). 적갈색의 몸에 불규칙한 점무늬가 많고 죽은 척을 잘한다.

사과곰보바구미 ⬚ 13~16mm, ⏱ 5~8월(봄), 🍴 밤나무 뿌리(유충). 몸은 갈색이고 딱지날개가 울퉁불퉁하여 곰보처럼 보인다.

왕바구미 ⬚ 12~23mm, ⏱ 5~9월(여름), 🍴 상수리나무 진(성충). 몸은 흑갈색이고 벌채목에서 보이며 밤에 불빛에도 모인다.

나무에서 만나는 곤충 〉 딱정벌레목

비단벌레과

비단벌레

📏 30~40㎜. 📅 7~8월(여름). 🌿 팽나무, 참나무류(유충). 몸은 녹색이고 붉은색 줄무늬가 2개 있다. 비단벌레의 딱지날개를 이용한 마구 등의 유물이 발견되어 천연기념물 496호로 지정되었다.

비단벌레과

노랑무늬비단벌레 📏 13㎜ 내외. 📅 5~8월(여름). 🌿 복숭아나무. 딱지날개 아랫부분에 4개의 황색 점무늬가 있다.

나무쑤시기과

고려나무쑤시기 📏 12~16㎜. 📅 4~10월(여름). 🌿 나뭇진. 몸은 흑갈색이고 광택이 있으며 딱지날개에 2쌍의 황색 점무늬가 있다.

나무에서 만나는 곤충 > 딱정벌레목

방아벌레과

진홍색방아벌레 ⏱10~12mm, 📅4~7월(봄). 딱지날개는 붉은색이고 겨울이 되면 나무속에 들어가서 성충으로 월동한다.

밑빠진벌레과

네눈박이밑빠진벌레 ⏱7~14mm, 📅5~10월(여름). 🍴나뭇진(성충). 몸은 검은색이고 딱지날개에 2쌍의 주황색 무늬가 있다.

긴썩덩벌레과

꼬마긴썩덩벌레 ⏱5.3~13mm, 📅5~7월(여름). 🍴버섯류. 몸은 암갈색이고 원통형이며 쓰러진 나무에 생기는 버섯에 모인다.

개미붙이과

집개미붙이 ⏱10mm 내외, 📅6~8월(여름). 🍴소형 곤충(성충). 몸은 갈색이고 바쁘게 기어 다니는 모습이 개미와 많이 닮았다.

표본벌레과

길쭉표본벌레 ⏱2~4.5mm, 📅2~9월(여름). 🍴동물성 표본, 곡식류(유충). 몸은 갈색이고 연 1~2회 발생하며 유충으로 월동한다.

빗살수염벌레과

권연벌레 ⏱3mm 내외, 📅6~8월(여름). 🍴건조 동물질, 식물질(유충). 몸은 황갈색이고 짧은 털이 많으며 저장된 담배 잎을 잘 먹는다.

나무에서 만나는 곤충 > 노린재목

노린재목 > 매미과

참매미
📏 56~60㎜, 🕐 6~9월(여름), 🍴 나뭇진. 몸은 검은색이고 녹색과 황색, 흰색 무늬가 섞여 있다. 참매미가 '밈밈밈미~' 하고 우는 소리를 듣고 '매미'라는 이름이 생기게 되었다.

매미과

말매미
📏 65㎜ 내외, 🕐 6~10월(여름), 🍴 나뭇진. 몸이 검은색을 띠고 있어서 '검은매미'라고 불리기도 한다. '차르르르' 하고 연속적으로 우는 소리가 우리나라 매미 중에서 가장 시끄럽다.

나무에서 만나는 곤충 > 노린재목

매미과

애매미
🗡 43~46mm. ⏱ 6~10월(여름). 🍴 나뭇진. 몸은 검은색이고 녹색 무늬가 있으며 크기가 작다. 산지나 평지에 폭넓게 살며 아침 일찍부터 다양한 노랫가락으로 잘 울어댄다.

매미과

유지매미
🗡 55~58mm. ⏱ 7~9월(여름). 🍴 나뭇진. 몸은 검은색이고 앞날개와 뒷날개 모두 불투명하다. 숲에 살며 지글지글 기름 볶는 울음소리를 내기 때문에 '기름매미'라고 불렸다.

나무에서 만나는 곤충 〉 노린재목

매미과

털매미
🖉 35~36㎜. ⏱ 6~9월(여름). 🍯 나뭇진. 몸과 날개에 불규칙한 무늬가 많아서 나무껍질에 앉아 있으면 눈에 잘 띄지 않는다. '찌찌~~' 하고 약한 연속음으로 운다.

매미과

늦털매미
🖉 35~38㎜. ⏱ 8~11월(여름). 🍯 나뭇진. 모습이 털매미와 비슷하지만 몸이 볼록하고 앞가슴등판의 무늬도 다르다. 늦가을까지 출현한다고 해서 이름이 지어졌다.

나무에서 만나는 곤충 〉 노린재목

꽃매미과

성충
약충(3령)
약충(4령)
알

꽃매미
🔖 14~15㎜. 📅 7~11월(여름). 🌱 포도나무, 사과나무. 앞날개는 연한 회갈색이고 뒷날개는 붉은 색이다. 성충과 약충 모두 과수원이나 야산의 다양한 나무에 모여 즙을 빤다.

나무에서 만나는 곤충 〉 노린재목

꽃매미과

희조꽃매미
🗡 12~14mm, ⏱ 7~10월(여름), 🌿 나뭇진. 몸에 얼룩 점무늬가 많으며 다리마다 2개의 회색 줄무늬가 있다.

매미충과

끝검은말매미충
🗡 11~13.5mm, ⏱ 4~10월(봄), 🌿 각종 식물. 앞날개 끝이 검은색이고 성충으로 월동한 후 초봄부터 활동한다.

매미충과

성충   약충

금강산귀매미
🗡 11~14mm, ⏱ 7~9월(여름), 🌿 참나무류, 칡. 몸이 녹색이어서 풀잎이나 나뭇잎에 앉아 있으면 눈에 잘 띄지 않는다. 약충은 연녹색이며 매우 납작하다.

나무에서 만나는 곤충 > 노린재목

매미충과

귀매미   성충   약충

📏 14~18mm. 📅 5~8월(여름). 🌿 떡갈나무, 졸참나무. 몸은 암갈색이고 앞가슴등판 양옆에 귀 모양의 돌기가 있다. 약충은 갈색이고 낙엽 조각처럼 보인다.

밀깍지벌레과

도롱이깍지벌레과

거북밀깍지벌레 📏 3~4mm. 📅 6~11월(가을). 몸은 흰색 밀랍 분비물로 덮여 있고 모습이 거북의 등껍질과 비슷해서 이름이 지어졌다.

도롱이깍지벌레 📏 3~5mm. 📅 6~10월(여름). 🌿 국화, 쑥, 싸리. 몸은 솜털 모양의 흰색 가루로 덮여 있고 잎에 그을음병을 일으킨다.

나무에서 만나는 곤충 > 벌목

벌목 > 말벌과

장수말벌
🔖 27~44㎜, 📅 4~10월(여름), 🍴 곤충, 나뭇진, 떨어진 과일. 우리나라의 벌 중에서 가장 크고 힘이 센 벌이며 나무 구멍과 땅속에 집을 만든다. 독성이 매우 강해서 쏘이면 위험하다.

말벌과

털보말벌
🔖 24~26㎜, 📅 4~10월(여름), 🍴 곤충, 나뭇진, 떨어진 과일. 몸은 검은색이고 황색 털이 매우 많으며 배 부분의 주황색 줄무늬는 폭이 넓다. 나무에 흐르는 나뭇진을 먹으려고 날아온다.

좀말벌   성충   집

23~29mm. 4~10월(여름). 곤충, 나뭇진. 몸은 흑갈색이고 배에는 황색 줄무늬가 있으며 배 윗부분에는 적갈색 점무늬가 있다. 둥근 모양이나 호리병 모양의 벌집을 짓는다.

말벌 21~29mm. 4~10월(여름). 꿀벌 유충, 곤충, 나뭇진. 몸은 흑갈색이고 양봉장에 모여 꿀벌을 사냥하며 땅속이나 나무 구멍에 집을 짓는다.

왕바다리 25~30mm. 4~10월(봄). 곤충. 사냥감을 찾아서 날아다니다가 나무 위에 잘 내려앉는다.

나무에서 만나는 곤충 > 벌목 | 바퀴목

개미과

가시개미 📏 7~8㎜, 📅 4~10월(여름), 🍴 일본왕개미(유충). 숲의 나무 밑동에 집을 지으며 모여 있으면 개미산 냄새가 진동한다.

개미과

검정꼬리치레개미 📏 2.5~4㎜, 📅 4~9월(여름), 🍴 진딧물, 깍지벌레 감로(성충). 나무 위를 쉴 새 없이 오르내리는 모습을 볼 수 있다.

바퀴목 > 흰개미과

흰개미　　　　　　　　　　일개미　　　　　　　　　　병정흰개미

📏 4~7㎜, 📅 1~12월(겨울), 🍴 썩은 나무. 몸은 흰색이고 개미와 닮았으며 습기 많은 나무를 갉아 먹고 산다. 병정개미는 원통형의 황갈색 머리와 큰턱이 매우 발달했다.

대벌레목 > 대벌레과

성충(녹색형)

대벌레　　　　　성충(갈색형) 　　　　　약충

📏 70~100㎜. 🕐 5~10월(여름). 🌳 참나무류, 벚나무류. 몸은 녹색 또는 갈색이고 몸과 다리가 대나무 줄기처럼 가늘고 길다. 활엽수에 살면서 나뭇가지처럼 위장을 잘한다.

동양하루살이

물에서 만나는 곤충

딱정벌레목 ·················· 384
노린재목 ····················· 387
잠자리목 ····················· 392
풀잠자리목 ·················· 406
밑들이목 ····················· 406
날도래목 ····················· 407
하루살이목 ·················· 408
강도래목 ····················· 411

물에서 만나는 곤충 〉 딱정벌레목

딱정벌레목 〉 물방개과　　　　　　　　　**물방개과**

물방개　🕒 35~40mm, 📅 4~10월(여름), 🐛 수서곤충, 작은 물고기. 몸은 녹흑색이고 타원형이며 딱지날개 가장자리에 황색 띠가 있다.

검정물방개　🕒 20~25mm, 📅 3~11월(여름), 🐛 수서곤충, 작은물고기. 몸은 타원형이고 검은색이며 뒷다리를 동시에 뻗어 헤엄친다.

물방개과

　　　　　　　　　　성충　　　　　　　　　　유충

애기물방개　🕒 11~13mm, 📅 3~11월(여름), 🐛 수서곤충. 몸은 흑갈색이고 웅덩이와 연못 등의 고인 물에 살며 불빛에도 잘 날아온다. 유충은 갈색이고 물에 사는 수서곤충을 잡아먹는다.

물에서 만나는 곤충 > 딱정벌레목

꼬마줄물방개 📏 8~10mm. 🗓 3~11월(여름). 🍽 수서곤충, 작은 물고기. 몸은 타원형이고 딱지날개에 검은색 줄무늬가 있다.

혹외줄물방개 📏 5mm 내외. 🗓 4~10월(여름). 🍽 수서곤충. 몸은 황갈색이고 딱지날개에 6~7개의 세로줄무늬가 있다.

깨알물방개 📏 4.2~5mm. 🗓 3~10월(여름). 🍽 수서곤충. 몸은 연갈색이고 타원형이며 크기가 깨알처럼 매우 작다.

알물방개 📏 4~5mm. 🗓 5~10월(여름). 🍽 수서곤충. 몸은 황갈색이고 딱지날개에 얼룩무늬가 있으며 볼록한 알처럼 생겼다.

물에서 만나는 곤충 > 딱정벌레목

물맴이과

물진드기과

물맴이 🔍 6~8mm, 🕐 4~10월(봄), 🍴 부유 물질. 몸은 타원형이고 검은색이며 고요한 물웅덩이의 수면을 맴돌며 헤엄친다.

물진드기 🔍 4mm 내외, 🕐 4~10월(봄), 🍴 실지렁이, 소형 갑각류. 몸은 갈색이고 검은색 점무늬가 많으며 진드기처럼 매우 작다.

물땡땡이과

물땡땡이과

애물땡땡이 🔍 9~11mm, 🕐 4~10월(여름), 🍴 물풀. 몸은 검은색이고 타원형이며 저수지 등에 살며 밤에 불빛에 잘 날아온다.

무늬점물땡땡이 🔍 2.6~2.8mm, 🕐 4~10월(여름), 🍴 물풀, 수서동물. 몸은 암갈색이고 타원형이며 밤에는 불빛에 잘 날아온다.

물에서 만나는 곤충 > 노린재목

노린재목 > 물장군과

물장군

48~65㎜. 5~9월(여름). 물고기, 개구리. 굵은 앞다리로 미꾸라지나 개구리 등을 사냥하여 체액을 빤다. 우리나라 노린재 중에서 가장 크며 멸종위기곤충 2급이다.

물장군과

성충　　　　　　　　　　　　　약충

물자라

15~22㎜. 4~10월(여름). 수서곤충, 작은 물고기. 황갈색을 띠는 타원형의 몸이 자라와 닮아서 이름이 지어졌다. 수컷은 등에 알을 지고 다니며 돌보기 때문에 '알지기'라고 불린다.

물에서 만나는 곤충 > 노린재목

물장군과

큰물자라 📏 25mm 내외. 📅 4~10월(여름). 🍽 수서곤충. 몸은 흑갈색이고 앞가슴등판 중앙이 움푹 들어갔으며 가장 큰 물자라이다.

장구애비과

메추리장구애비 📏 16~23mm. 📅 3~11월(여름). 🍽 수서곤충, 물고기. 굵은 앞다리로 먹이사냥을 하고 꽁무니의 숨관은 매우 짧다.

장구애비과

장구애비 📏 30~40mm. 📅 3~11월(여름). 🍽 수서곤충, 올챙이, 갑각류, 물고기. 몸은 흑갈색이고 굵은 앞다리로 사냥을 한다. 배 끝에 있는 숨관은 몸 길이와 비슷할 정도로 매우 길다.

물에서 만나는 곤충 〉 노린재목

장구애비과

게아재비
✎ 40~45㎜. ⏱ 4~10월(여름). 🍴 수서곤충, 물고기, 올챙이. 몸은 황갈색이고 가늘며 집게 모양의 앞다리로 먹잇감을 사냥한다. 배 끝에 있는 기다란 숨관으로 호흡을 한다.

송장헤엄치게과

몸 등면　　　　　　　　　　　　　몸 배면

송장헤엄치게
✎ 11~14㎜. ⏱ 4~10월(여름). 🍴 올챙이, 수서곤충. 사체를 먹고 물속에서 몸을 뒤집어 헤엄친다고 해서 이름이 지어졌다. 물 밖에서는 몸을 바로잡아 움직인다.

물에서 만나는 곤충 〉 노린재목

소금쟁이과

성충　　약충

애소금쟁이
🔍 8.5~11mm. ⏲ 3~10월(여름). 🍴 물에 떨어진 사체. 몸은 암갈색이고 저수지 등의 죽은 물고기나 사체에 모여 체액을 빤다. 약충은 몸과 다리가 매우 짧다.

소금쟁이과

등빨간소금쟁이
🔍 10~15mm. ⏲ 3~11월(봄). 🍴 물에 떨어진 사체. 몸은 붉은색이고 저수지와 하천, 시냇가 등에 떨어진 사체에 모여 체액을 빤다. 짝짓기하는 모습도 흔히 볼 수 있다.

물에서 만나는 곤충 〉 노린재목

소금쟁이 🗡11~16mm. 🕐4~10월(여름). 🍴물에 떨어진 사체. 몸은 암갈색이고 하천과 저수지 등의 고요한 물에 산다.

광대소금쟁이 🗡5~6mm. 🕐4~10월(여름). 🍴물에 떨어진 사체. 몸은 황색이고 검은색 줄무늬가 복잡하게 얽혀 있다.

방물벌레 🗡5~7mm. 🕐3~10월(봄). 🍴수생식물. 몸은 황갈색이고 앞가슴등판에 8~9개의 검은색 줄무늬가 있으며 물풀의 즙을 빤다.

진방물벌레 🗡5.9mm 내외. 🕐3~10월(여름). 🍴수생식물. 머리 앞부분이 볼록 튀어나왔고 연못과 웅덩이, 논 등에서 물풀을 먹고 산다.

물에서 만나는 곤충 > 잠자리목

잠자리목 > 실잠자리과

참실잠자리 ⌀ 30~34㎜, ⏱ 5~9월(여름), 🐞 소형 곤충. 몸은 청색이고 배마디에 검은색 띠무늬가 있으며 습지나 휴경 논 등에서 산다.

실잠자리과

노란실잠자리 ⌀ 38~42㎜, ⏱ 6~9월(여름), 🐞 소형 곤충. 황색이고 수생식물이 풍부한 연못이나 습지에 산다.

실잠자리과

수컷   암컷(미성숙)

아시아실잠자리
⌀ 24~30㎜, ⏱ 4~10월(봄), 🐞 소형 곤충. 몸은 연녹색이고 연못과 습지, 하천 등에서 가장 흔하게 보인다. 암컷은 미성숙일 때는 붉은색이지만 성숙하면 녹색으로 바뀐다.

물에서 만나는 곤충 > 잠자리목

실잠자리과

방울실잠자리과

등검은실잠자리 📏 28~32mm. 🕐 4~9월(봄). 🔸소형 곤충. 몸은 검은색이고 성숙하면 회색 가루로 덮이며 습지와 하천 등에 산다.

방울실잠자리 📏 38~40mm. 🕐 5~10월(여름). 🔸소형 곤충. 수컷은 다리에 방울이 달린 것처럼 둥글지만 암컷은 방울 모양이 없다.

청실잠자리과

청실잠자리과

가는실잠자리 📏 34~38mm. 🕐 1~12월(가을). 🔸소형 곤충. 몸은 갈색이고 성충으로 월동하기 때문에 11월에도 날아다니는 모습이 보인다.

묵은실잠자리 📏 34~38mm. 🕐 1~12월(가을). 🔸소형 곤충. 몸은 갈색이고 식물의 줄기에 알을 낳으며 양지바른 풀숲에서 성충으로 월동한다.

물잠자리과

검은물잠자리
60~62㎜. 5~9월(여름). 소형 곤충. 몸과 날개는 검은색이고 하천에서 보인다. 해질 녘에 날아다니는 모습이 귀신 같아 보여서 '귀신잠자리'라고 불린다.

물잠자리과

물잠자리
55~57㎜. 5~7월(여름). 곤충. 몸은 청동색이고 검은색 날개 끝 부분에 흰색 점무늬가 있다. 깨끗한 시냇가의 수생식물이 풍부한 곳에 살며 유충으로 월동한다.

물에서 만나는 곤충 > 잠자리목

잠자리과

수컷

암컷

고추좀잠자리
- 38~44mm, 6~11월(가을), 곤충. 몸은 황색이지만 수컷은 성숙하면 몸 전체가 빨갛게 변해서 '고추잠자리'라고 불린다. 산과 들에 늦가을까지 날아다니는 가장 흔한 잠자리이다.

물에서 만나는 곤충 〉 잠자리목

잠자리과

수컷

암컷

날개띠좀잠자리
⌀ 32~38mm, ☀ 7~11월(가을), ✦ 곤충. 몸은 연갈색이고 날개 중앙에 갈색 띠무늬가 있다. 성숙한 수컷은 몸 전체가 붉은색으로 물들며 나뭇가지에 잘 내려앉는다.

물에서 만나는 곤충 〉 잠자리목

잠자리과

수컷(성숙)

수컷(미성숙)

고추잠자리

📏 44~50mm, 📅 5~9월(여름), 🐛 곤충. 몸은 진한 황색이며 성숙한 수컷은 몸 전체가 붉게 물든다. 날개 시작 부분에 황색 무늬가 넓게 있으며 서울시 보호종이다.

물에서 만나는 곤충 〉 잠자리목

잠자리과

잠자리과

두점박이좀잠자리 ⌀ 32~38mm. ⌚ 6~11월 (가을). 🐛곤충. 몸은 황색이고 얼굴 이마 부분에 2개의 검은색 점무늬가 뚜렷하다.

여름좀잠자리 ⌀ 36~42mm. ⌚ 6~10월(여름). 🐛곤충. 수컷은 성숙하면 붉은색으로 물들고 여름에 물가에서 보인다.

잠자리과

수컷　　　　　　　　　　　　　　　　　　암컷

애기좀잠자리 ⌀ 32~36mm. ⌚ 6~11월(가을). 🐛곤충. 몸은 황색이지만 성숙한 수컷은 얼굴은 흰색, 배는 붉은색으로 변한다. 좀잠자리류 중 크기가 매우 작으며 비행하면서 물과 진흙에 알을 붙여 낳는다.

물에서 만나는 곤충 〉 잠자리목

잠자리과

수컷(성숙)

수컷(미성숙)

깃동잠자리

✏️ 42~48mm, 📅 6~11월(여름), 🍴 곤충, 몸은 황색이고 날개 끝에 검은색 무늬가 있어서 이름이 지어졌다. 습지와 연못 등에 살며 수컷은 성숙하면 검붉은색으로 변한다.

399

물에서 만나는 곤충 > 잠자리목

잠자리과

된장잠자리
✎ 37~42㎜. ⏱ 4~10월(가을). 🐛 곤충. 몸 빛깔이 된장처럼 보여서 이름이 지어졌다. 적도와 열대 지방에서 태평양을 건너 날아오는 이동성 잠자리로 연 3~4회 번식한다.

잠자리과

노란허리잠자리
✎ 40~46㎜. ⏱ 5~9월(여름). 🐛 곤충. 몸은 검은색이고 배 3~4마디에 굵은 황색 띠무늬가 있지만 성숙하면 수컷만 흰색으로 변한다. 연못과 하천 등에 살며 유충으로 월동한다.

물에서 만나는 곤충 〉 잠자리목

잠자리과

수컷(성숙)

밀잠자리

🔖 48~54㎜, 🕐 4~10월(봄), 🐛 곤충. 몸은 연갈색이고 성숙한 수컷은 청회색으로 변한다. 하천과 연못, 논두렁 등 냄새가 심한 웅덩이에서도 잘 적응해서 살아간다.

수컷(미성숙)

401

물에서 만나는 곤충 〉 잠자리목

잠자리과

큰밀잠자리
🖊 51~53mm. 🕐 6~9월(여름). 🐛 곤충. 몸은 암수 모두 황색이지만 수컷은 성숙하면 청회색으로 변한다. 하천과 연못의 물에 꼬리를 부딪쳐서 알을 낳는다.

잠자리과

대모잠자리
🖊 38~43mm. 🕐 4~6월(봄). 🐛 곤충. 몸은 갈색이고 날개에 3개의 흑갈색 점무늬가 있다. 퇴적물이 많은 연못과 습지에 살고 멸종위기곤충 2급으로 지정되었다.

물에서 만나는 곤충 > 잠자리목

잠자리과

수컷

배치레잠자리
암컷

◎ 34~38㎜, ⏰ 4~9월(봄), ✿ 곤충. 몸은 황색이며 수컷은 성숙하면 청색으로 변하지만 암컷은 변함이 없다. 연못과 습지에 살며 밀잠자리류 중에서 크기가 작은 편이다.

물에서 만나는 곤충〉잠자리목

측범잠자리과

암컷

수컷  유충

쇠측범잠자리
📏 40~44mm, 📅 4~6월(봄), 🐛 곤충. 배에 기울어진 황색 줄무늬가 있어서 '측범잠자리'라고 이름이 지어졌다. 납작한 모양의 유충은 1급수의 맑은 물에만 산다.

물에서 만나는 곤충 〉 잠자리목

측범잠자리과

왕잠자리과

자루측범잠자리 📏 48~50㎜. 🕐 5~9월(여름). 🍃 곤충. 배마디에 황색 띠무늬가 있고 제 7~9마디는 자루처럼 굵다.

왕잠자리 📏 70~75㎜. 🕐 4~10월(여름). 🍃 곤충. 겹눈과 가슴은 녹색이고 연못이나 하천의 하늘 위를 빠르게 비행한다.

장수잠자리과

장수잠자리
📏 90~105㎜. 🕐 6~9월(여름). 🍃 곤충. 양지바른 개울과 울창한 숲의 계곡에 살며 국내 잠자리 중에서 가장 크다. 유충은 물속에서 3년 동안 올챙이 등을 잡아먹고 산다.

물에서 만나는 곤충 〉 풀잠자리목 | 밑들이목

풀잠자리목 〉 뱀잠자리과

성충 / 유충

대륙뱀잠자리
📏 40~50mm, 🕐 5~9월(여름), 🍴 저서무척추동물, 작은 물고기(유충). 얼룩덜룩한 날개가 뱀 허물처럼 보여서 이름이 지어졌다. 유충은 저서무척추동물, 작은 물고기 등을 잡아먹고 살며 2~3년 자라야 성충이 된다.

좀뱀잠자리과 | 밑들이목 〉 밑들이과

시베리아좀뱀잠자리 📏 18mm 내외, 🕐 4~5월(봄), 🍴 수서곤충(유충). 몸은 검은색이고 유충은 물속의 작은 동물을 잡아먹고 산다.

밑들이 📏 12~14mm, 🕐 5~6월(봄), 🍴 소형곤충(성충). 몸은 연갈색이고 수컷은 짝짓기를 위해 암컷에게 먹이 선물을 한다.

밑들이과

참밑들이 🔍 12~15mm. 📅 5~8월(여름). 🍴 소형곤충, 꽃잎, 이끼류(성충). 몸은 검은색이고 배 끝이 위로 들려서 '밑들이'라고 이름이 지어졌다.

날도래목 > 날도래과

굴뚝날도래 🔍 45mm 내외. 📅 5~8월(여름). 🍴 낙엽, 수서동물(유충). 날개에 검은색 점무늬가 많고 날아다니는 모습이 매우 둔하며 날도래류 중에서 매우 크다.

우묵날도래과

우리큰우묵날도래 🔍 20~26mm(유충). 📅 8~10월(여름). 몸은 붉은색이 도는 갈색이고 날개를 기왓장처럼 접고 있으며 털이 없다.

줄날도래과

주름물날도래 🔍 25mm 내외. 📅 5~8월(여름). 🍴 수서곤충(유충). 몸은 연갈색이고 검은색 줄무늬가 있다. 산지의 깨끗한 계곡에 살면서 수서곤충을 잡아먹는다.

물에서 만나는 곤충 > 날도래목 | 하루살이목

바수염날도래과

바수염날도래 ✏ 10~14mm(유충), ⏰ 5~8월(봄). 계곡 주변을 날아다니며 잎에 내려앉는 모습이 나방과 비슷해서 쉽게 착각한다.

하루살이목 > 강하루살이과

금빛하루살이 ✏ 19mm 내외, ⏰ 5~8월(여름), 🍴 퇴적된 유기물(유충). 몸은 황색이고 날개 가장자리에 적갈색 무늬가 뚜렷하며 우리나라 고유종이다.

하루살이과

성충   유충

가는무늬하루살이
✏ 20mm 내외, ⏰ 4~7월(봄), 🍴 퇴적된 유기물(유충). 삼각형의 날개 중앙에 가로띠무늬가 있다. 상류의 맑은 계곡에 살고 유충은 모래가 쌓인 곳의 부식질을 먹고 산다.

물에서 만나는 곤충 > 하루살이목

하루살이과

성충　　　　　　　　　　　　　　유충

무늬하루살이
20mm 내외, 4~7월(봄), 퇴적된 유기물(유충). 배의 양옆 가장자리에 세로줄무늬가 있고 3개의 긴 꼬리가 있다. 유충은 하천 중상류의 물살이 느리고 깨끗한 곳에 산다.

하루살이과

동양하루살이
20mm 내외, 5~7월(봄), 퇴적된 유기물(유충). 앞날개에 세로줄무늬가 있고 꼬리는 몸 길이의 2배나 된다. 해질 무렵에 무리 지어 날며 짝짓기를 한다.

409

납작하루살이과

참납작하루살이   성충   유충
📏 10~15㎜, 📅 4~6월(봄), 🍴 부착조류(유충). 몸은 진갈색이고 맑은 계곡이나 시냇가에 산다. 유충은 몸이 납작하며 갈색이고 검은색 점무늬가 많으며 맑고 차가운 물에 산다.

납작하루살이과

햇님하루살이   성충   유충
📏 10~15㎜, 📅 4~7월(봄), 🍴 부착조류(유충). 몸은 연갈색, 눈은 검은색이고 배마디에 삼각형 무늬가 있다. 유충은 맑고 차가운 물에 산다.

납작하루살이과

봄처녀하루살이 🗡10~15㎜, ⏲4~5월(봄). 🌿부착조류(유충). 몸 길이의 3배나 되는 긴 꼬리가 있고 초봄에 일찍 출현한다.

강도래목 〉 녹색강도래과

녹색강도래 🗡10~13㎜, ⏲6~7월(여름). 🌿이끼, 낙엽(유충). 몸은 황색이고 눈은 검은색이며 맑은 계곡 주변에 산다.

민강도래과

집게강도래 🗡7~9㎜, ⏲4~6월(봄). 몸은 암갈색이고 길쭉하다. 봄에 산간 계곡의 맑은 물가를 포르르 날아다니는 모습을 볼 수 있다.

꼬마강도래과

꼬마강도래 🗡6~8㎜, ⏲4~6월(봄). 몸은 얇은 막대 모양이고 숲의 계곡 주변에 살며 크기가 작아서 이름이 지어졌다.

물에서 만나는 곤충〉강도래목

강도래과

성충 / 유충

진강도래
📏 25~30㎜. 🗓 4~8월(봄). 🍴 수서곤충(유충). 몸은 진갈색이고 납작하며 계곡 근처의 시냇가에 산다. 유충은 돌 빛깔과 비슷하고 2~3년 동안 자라야 성충이 된다.

강도래과

성충  / 유충

한국강도래
📏 25~30㎜. 🗓 5~8월(봄). 🍴 하루살이, 날도래(유충). 몸은 황갈색이고 납작하며 맑은 계곡 주변에 산다. 유충은 하루살이와 옆새우 등을 잡아먹고 산소가 풍부한 물속에 산다.

강도래과

무늬강도래   성충   유충
🜚 20~25㎜. 🜚 5~7월(봄). 🜚 하루살이, 수서곤충(유충). 몸은 암갈색이고 날개 가장자리에 황색 테두리가 있다. 유충은 수서생물을 먹고 살며 가슴보다 머리가 더 크다.

큰그물강도래과

한국큰그물강도래   유충
🜚 50~55㎜. 🜚 5~7월(봄). 🜚 낙엽, 부착조류(유충). 유충은 진갈색이고 앞가슴등판 양옆이 돌출되었다. 차가운 물속에서 유충으로 2~3년 동안 자라야 성충이 되는 대형 강도래이다.

감나무잎말이나방

밤에 만나는 곤충

딱정벌레목	416
나비목	427
노린재목	464
파리목	467
벌목	467
메뚜기목	468
잠자리목	468
풀잠자리목	469

밤에 만나는 곤충 〉딱정벌레목

딱정벌레목〉사슴벌레과

왕사슴벌레 🔲 25~76mm, ⏱ 6~9월(여름), 🍯 나뭇진(성충). 밤에 불빛에 날아오지만 딱지날개가 무거워서 잘 날지 못한다.

사슴벌레과

넓적사슴벌레 🔲 20~84mm, ⏱ 6~8월(여름), 🍯 나뭇진(성충). 참나무 숲에서 가장 흔하게 볼 수 있는 사슴벌레로 등불에 잘 날아온다.

사슴벌레과

톱사슴벌레 🔲 22~74mm, ⏱ 6~9월(여름), 🍯 나뭇진(성충). 큰턱에 톱니 모양의 돌기가 많으며 스트레스에 약해서 성질을 잘 부린다.

사슴벌레과

참넓적사슴벌레 🔲 20~40mm, ⏱ 6~9월(여름), 🍯 나뭇진(성충). 모습이 넓적사슴벌레와 비슷하지만 큰턱이 둥글게 굽었다.

밤에 만나는 곤충 〉 딱정벌레목

사슴벌레과

검정풍뎅이과

애사슴벌레 12~53mm. 5~9월(여름). 나뭇진(성충). 사슴벌레류 중에서 몸집이 작아서 이름이 지어졌고 나무속에서 월동한다.

왕풍뎅이 26~33mm. 5~10월(여름). 식물 뿌리(유충). 적갈색의 몸에 가루가 많아서 '가루풍뎅이'라고 불리고 불빛에 잘 모인다.

검정풍뎅이과

검정풍뎅이과

고려노랑풍뎅이 10~15mm. 4~10월(여름). 식물 뿌리(유충). 몸은 연갈색, 머리는 검은색이고 땅 위를 천천히 기어간다.

긴다색풍뎅이 12~15mm. 5~8월(여름). 식물 뿌리(유충). 몸은 갈색이고 원통형이며 밤에 등불에 잘 날아온다.

밤에 만나는 곤충 〉 딱정벌레목

검정풍뎅이과

기본형   이형(갈색)

큰검정풍뎅이
📏 17~22mm, 📅 4~9월(여름), 🍴 식물 뿌리(유충). 몸은 검은색이고 딱지날개에 광택이 없어서 참검정풍뎅이와 다르다. 형태가 같고 딱지날개가 적갈색인 이형도 있다.

풍뎅이과

주둥무늬차색풍뎅이
📏 9~14mm, 📅 5~9월(여름), 🍴 식물 뿌리(유충). 몸은 적갈색이고 황백색 털로 덮여 있으며 불빛에 잘 모인다. 성충은 먹이 식물의 잎을 잎맥만 남기고 갉아 먹는다.

풍뎅이과   **풍뎅이과**

등얼룩풍뎅이
📏 8~13mm, 📅 3~11월(여름), 🍴 잔디, 농작물 뿌리(유충). 몸에 얼룩덜룩한 점무늬가 많고 불빛에 잘 날아온다.

별줄풍뎅이
📏 14~20mm, 📅 5~11월(여름), 🍴 식물 뿌리(유충). 매우 잘 날아다니기 때문에 등불이 켜지면 빨리 날아온다.

밤에 만나는 곤충 〉 딱정벌레목

장수풍뎅이과

장수풍뎅이
🔗 30~83㎜. ⏱ 7~9월(여름). 🍃 나뭇진(성충). 몸이 크고 뚱뚱해서 무겁기 때문에 불빛에 날아오는 데에 시간이 꽤 걸린다. 등불을 향해 빙글빙글 돌며 날아다닌다.

하늘소과

하늘소과

버들하늘소
🔗 32~60㎜. ⏱ 6~8월(여름). 🍃 활엽수(유충). 몸이 암갈색이기 때문에 밤에 눈에 잘 띄지 않는다.

검정하늘소
🔗 12~25㎜. ⏱ 7~9월(여름). 🍃 소나무, 삼나무(유충). 몸은 검은색이고 원통형이며 주로 소나무에 알을 낳는다.

밤에 만나는 곤충 > 딱정벌레목

`하늘소과`

하늘소 🔗 34~57mm, 📅 6~8월(여름), 🍽 밤나무, 졸참나무, 상수리나무(유충). 몸이 커다란 대형하늘소로 야행성 곤충이기 때문에 불빛에 잘 모인다.

`하늘소과`

톱하늘소 🔗 18~45mm, 📅 6~9월(여름), 🍽 침엽수, 활엽수(유충). 몸은 검은색이고 더듬이가 톱니 모양이며 불빛에 잘 모인다.

`하늘소과`

참풀색하늘소
🔗 15~30mm, 📅 6~8월(여름), 🍽 참나무류(유충). 밤에 활동하는 야행성 곤충이며 수컷의 더듬이는 몸 길이의 두 배나 된다. 참나무 숲에 살며 몸 빛깔이 녹색을 띠고 있다.

밤에 만나는 곤충 > 딱정벌레목

딱정벌레과

딱정벌레과

검정명주딱정벌레 📏 22~31mm, 🕐 4~7월(봄), 🍴 나비류 유충, 나뭇진. 불빛에 모인 곤충을 사냥하기 위해 등불에 모여서 빠르게 움직인다.

폭탄먼지벌레 📏 11~18mm, 🕐 5~9월(여름), 🍴 소형 곤충, 사체. 썩은 고기와 사체, 부패한 음식을 찾아다니는 야행성 곤충이다.

딱정벌레과

딱정벌레과

미륵무늬먼지벌레 📏 11.2~13.5mm, 🕐 5~11월(여름), 🍴 소형 곤충(성충). 소형 곤충을 잡아먹기 위해 환한 등불에 모여 빠르게 움직인다.

가슴털머리먼지벌레 📏 19~20mm, 🕐 6~9월(여름), 🍴 소형 곤충. 몸은 검은색이고 불빛에 모여서 빠르게 움직이며 사냥한다.

밤에 만나는 곤충 > 딱정벌레목

딱정벌레과

송장벌레과

꼬마길앞잡이　⌀ 8~11mm, ⏱ 6~9월(여름).
☞ 소형 곤충. 밤에 불빛에 잘 모이고 길앞잡이류 중에서 몸집이 작아서 이름이 지어졌다.

큰수중다리송장벌레　⌀ 15~28mm, ⏱ 6~8월(여름). ☞ 구더기. 밤에 동물의 사체나 불빛에 모여든 유충을 잘 잡아먹는다.

송장벌레과

송장벌레과

수중다리송장벌레　⌀ 15~20mm, ⏱ 6~8월(여름). ☞ 구더기. 사체에 모인 구더기와 불빛에 모여든 곤충을 잡아먹는다.

큰넓적송장벌레　⌀ 17~23mm, ⏱ 5~8월(여름). ☞ 동물 사체, 배설물. 동물의 사체와 배설물을 찾아 부지런히 움직인다.

밤에 만나는 곤충 〉 딱정벌레목

방아벌레과

대유동방아벌레 🖊9~12mm, ⏱4~6월(봄), 🍃소형 곤충(유충). 몸이 붉은색 털로 덮여 있어서 환한 불빛에 날아오면 눈에 잘 띈다.

방아벌레과

녹슬은방아벌레 🖊12~16mm, ⏱5~10월(여름). 불빛에 모여도 몸 빛깔이 어두워서 눈에 잘 띄지 않는다.

방아벌레과

왕빗살방아벌레 🖊22~27mm, ⏱4~6월(여름). 🍃소형 곤충(유충). 크기가 큰 대형 방아벌레로 불빛이 켜지면 매우 잘 모여든다.

주둥이거위벌레과

도토리거위벌레 🖊7~10.5mm, ⏱6~9월(여름). 🍃갈참나무 도토리, 신갈나무 도토리. 참나무 숲에 살며 불빛이 켜지면 매우 잘 모여든다.

하늘소붙이과

청색하늘소붙이 🖊11~15mm, ⏱6~8월(여름). 🍃썩은 나무(유충). 머리는 주황색, 딱지날개는 청록색이며 하늘소처럼 더듬이가 길다.

밤에 만나는 곤충 〉 딱정벌레목

물방개과

꼬마줄물방개 🔹8~10mm, 🕒3~11월(여름). 🐛수서곤충, 작은 물고기. 환한 등불에 잘 날아올 정도로 비행 능력이 매우 뛰어나다.

물방개과

애기물방개 🔹11~13mm, 🕒3~11월(여름). 🐛수서곤충. 연못이나 웅덩이 등의 물가에 켜진 환한 등불에 잘 날아온다.

물땡땡이과

애물땡땡이 🔹9~11mm, 🕒4~10월(여름). 🐛물풀. 논과 하천 주변에 환한 등불을 켜면 날아와서 땅 위를 잘 기어 다닌다.

물땡땡이과

무늬점물땡땡이 🔹2.6~2.8mm, 🕒4~10월(여름). 🐛물풀, 수서동물. 불빛에 잘 날아오지만 크기가 매우 작아서 눈에 잘 띄지 않는다.

밤에 만나는 곤충 > 딱정벌레목

반날개과

호리좀반날개 📏 5~5.5mm, 🕐 6~10월(여름), 🍴 소형 절지동물. 몸은 검은색, 다리는 적갈색이고 낙엽이 쌓인 곳에 산다.

반날개과

극동좀반날개 📏 6.2mm 내외, 🕐 5~8월(여름), 🍴 동물 사체, 배설물. 딱지날개 속에 접고 있는 뒷날개를 펼쳐서 날아간다.

버섯벌레과

털보왕버섯벌레 📏 9~13mm, 🕐 6월~이듬해 3월(여름), 🍴 버섯류. 불빛에 모이면 딱지날개의 주황색 무늬가 눈에 매우 잘 띈다.

무당벌레과

무당벌레 📏 5~8mm, 🕐 3~11월(봄), 🍴 진딧물. 풀숲에 있다가 등불이 환하게 켜지면 날개를 펼쳐서 잘 날아온다.

무당벌레붙이과

무당벌레붙이 📏 4.7~5mm, 🕐 3~10월(봄), 🍴 버섯류, 썩은 나무. 등불이 환하게 켜진 곳에 모여들어 빠르게 기어 다닌다.

밑빠진벌레과

갈색무늬납작밑빠진벌레 📏 5.5~8.5mm, 🕐 5~9월(여름), 🍴 나뭇진. 몸은 붉은색이 도는 갈색이고 환한 불빛에 잘 날아와서 천천히 움직인다.

밤에 만나는 곤충 〉 딱정벌레목

가뢰과

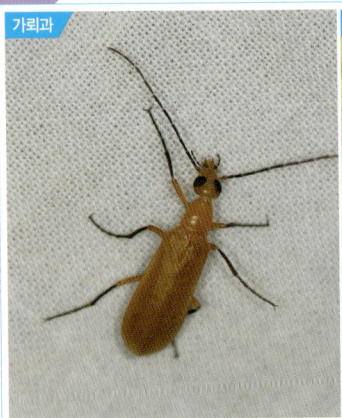

황가뢰 9~22mm, 6~8월(여름), 가위벌 기생(유충). 몸은 연황색이고 가뢰류의 곤충 중에서 불빛에 가장 잘 날아온다.

반딧불이과

애반딧불이 7~10mm, 6~8월(여름), 물달팽이(유충). 주황색 앞가슴등판에 검은색 세로줄무늬가 있으며 논에 산다.

반딧불이과

운문산반딧불이 8~9mm, 5~7월(여름), 달팽이류(유충). 주황색 앞가슴등판에 세로줄무늬가 없고 유충은 달팽이를 잡아먹는다.

반딧불이과

늦반딧불이 15~18mm, 7~9월(여름), 달팽이류(유충). 우리나라에 살고 있는 반딧불이 중에서 가장 크고 늦게 출현한다.

나비목 > 밤나방과

톱니태극나방
⌀ 54~61mm. ⓜ 5~8월(여름). ⓕ 자귀나무(유충). 앞날개는 진한 흑갈색이고 소용돌이처럼 보이는 태극무늬가 있다. 뒷날개 가장자리가 톱니 모양이어서 이름이 지어졌다.

밤나방과

흰줄태극나방
⌀ 55~63mm. ⓜ 6~8월(여름). ⓕ 자귀나무, 청미래덩굴(유충). 앞날개는 갈색이고 태극무늬가 있다. 날개 중앙에 흰색 가로줄무늬가 있으며 더듬이는 양빗살 모양이다.

밤에 만나는 곤충 〉 나비목

성충   유충

붉은뒷날개나방 　 65mm 내외. ⏱ 7~9월(여름). 🌿 너도밤나무, 참나무류(유충). 앞날개는 진갈색이고 뒷날개는 붉은색을 띤다. 유충의 머리는 적갈색, 몸은 갈색이고 털 뭉치가 볼록하게 솟아 있다.

꼬마노랑뒷날개나방 　 50mm 내외. ⏱ 7~8월(여름). 🌿 갈참나무(유충). 앞날개는 나무 빛깔과 비슷하고 뒷날개는 주홍색이다.

큰갈색띠밤나방 　 64~78mm. ⏱ 6~8월(여름). 🌿 자귀나무(유충). 앞날개 끝에서 뒷날개까지 진갈색의 가로빗줄무늬가 있다.

밤에 만나는 곤충 > 나비목

무궁화밤나방
📏 82~95㎜, 🗓 5~8월(여름), 🌿 무궁화, 밤나무, 졸참나무(유충). 앞날개는 회갈색과 황갈색이 섞여 있고 암갈색 줄무늬가 있다. 뒷날개 바깥쪽 테두리는 붉은색을 띤다.

흰눈까마귀밤나방 성충   유충
📏 51~62㎜, 🗓 7~10월(여름), 🌿 상수리나무, 팽나무(유충). 날개는 검은색이고 흰색 점무늬가 있다. 유충의 몸은 녹색이고 옆면에 황색 줄무늬가 있으며 배 뒤쪽이 솟아 있다.

429

밤에 만나는 곤충 〉 나비목

밤나방과

밤나방과

꼬마봉인밤나방 🔲 29mm 내외. ⏱ 7~8월(여름). 앞날개는 흰색으로 중앙에 비스듬한 줄무늬가 있고 끝에 둥근 적갈색 무늬가 있다.

얼룩어린밤나방 🔲 25~32mm. ⏱ 7~9월(여름). 🍃 고사리(유충). 날개는 암갈색이고 줄무늬가 많아서 얼룩덜룩해 보인다.

밤나방과

밤나방과

제주꼬마밤나방 🔲 30mm 내외. ⏱ 6~7월(여름). 🍃 팽나무(유충). 날개는 갈색이고 털이 많으며 흰색 점무늬와 줄무늬가 있다.

흰무늬껍질밤나방 🔲 23mm 내외. ⏱ 6~8월(여름). 🍃 상수리나무(유충). 몸은 연분홍색이 도는 흰색이고 소용돌이 무늬가 있다.

벼금무늬밤나방 ◎33mm 내외. ⓒ5~8월(여름). ⓕ벼(유충). 날개는 연갈색이고 앞날개 중앙에 은백색 점무늬가 있다.

붉은금무늬밤나방 ◎34mm 내외. ⓒ6~10월(여름). ⓕ양파, 강낭콩(유충). 날개는 진갈색이고 중앙에 은백색 점무늬가 있다.

쌍줄푸른밤나방 ◎32~41mm. ⓒ5~9월(여름). ⓕ갈참나무, 신갈나무(유충). 앞날개는 연녹색이고 2개의 흰색 줄무늬가 있다.

큰쌍줄푸른밤나방 ◎38~40mm. ⓒ3~8월(여름). ⓕ상수리나무(유충). 앞날개는 연녹색이고 회백색 줄무늬가 많다.

밤에 만나는 곤충 > 나비목

밤나방과

붉은무늬갈색밤나방 / 21mm 내외, ⏱ 5~8월(여름), 🍴 상수리나무(유충). 앞날개 윗부분은 황색, 아랫부분은 적갈색이어서 빛깔이 화려하다.

밤나방과

산저녁나방 / 34~38mm, ⏱ 6~8월(여름), 🍴 벚나무, 참느릅나무(유충). 날개는 녹색이며 검은색 줄무늬가 많아서 얼룩덜룩해 보인다.

밤나방과

뒷노랑수염나방 / 30~32mm, ⏱ 5~9월(여름), 🍴 모시풀, 거북꼬리(유충). 앞날개는 검보라색, 뒷날개는 황색이고 머리가 뿔처럼 뾰족하게 돌출되었다.

밤나방과

넓은띠담흑수염나방 / 26mm 내외, ⏱ 5~8월(여름). 앞날개 윗부분은 갈색, 아랫부분은 진갈색이고 물결 모양의 무늬가 있다.

밤에 만나는 곤충 > 나비목

쌍복판눈수염나방 📏 46~56mm, 🕐 6~8월(여름), 🌿 참나무류(유충). 날개는 어두운 회갈색이고 V자 모양의 흰색 무늬가 있다.

검은띠수염나방 📏 26~34mm, 🕐 6~8월(여름). 앞날개는 자갈색이고 중앙에 진갈색 띠무늬가 있으며 작은 흰색 점무늬도 있다.

흰점멧수염나방 📏 29mm 내외, 🕐 6~7월(여름). 앞날개는 갈색이고 2개의 흰색 점무늬가 있으며 중앙에 흰색 줄무늬도 있다.

노랑무늬수염나방 📏 23mm 내외, 🕐 7~8월(여름). 날개는 연갈색이고 반원형의 황색 점무늬가 2개 있다.

밤에 만나는 곤충 〉 나비목

밤나방과

긴수염비행기밤나방
📏 42~45㎜, 📅 6~8월(여름), 🌿 옻나무, 개옻나무(유충). 날개는 암갈색이고 더듬이는 앞날개 길이와 비슷할 정도로 길다. 폭이 좁은 날개를 옆으로 길게 뻗고 있는 모습이 비행기를 빼닮았다.

밤나방과

붉은띠짤름나방
📏 21~25㎜, 📅 6~7월(여름), 🌿 상수리나무(유충). 앞날개는 회갈색이고 2개의 붉은색 가로띠무늬가 있다.

불나방과

목도리불나방
📏 39~48㎜, 📅 6~8월(여름). 날개는 흑갈색이고 청람색 광택이 나며 주황색 가슴 부분이 목도리를 두른 듯 보인다.

교차무늬주홍테불나방 ⌀24mm 내외, ⏱5~8월(여름), 🌿지의류(유충). 날개는 주황색이고 검은색 줄무늬가 서로 교차된다.

홍줄불나방 ⌀33~40mm, ⏱5~8월(여름), 🌿지의류(유충). 날개는 황색이고 붉은색 줄무늬가 있으며 불빛에 잘 날아온다.

흰무늬왕불나방
⌀75~85mm, ⏱5~8월(여름), 🌿여뀌, 고마리(유충). 앞날개는 검은색 바탕에 흰색 점무늬가 많고 뒷날개는 주황색 바탕에 검은색 점무늬가 있다. 낮에는 꽃에 모이고 밤에는 불빛에 잘 모인다.

밤에 만나는 곤충 〉 나비목

성충 　　　　　　　　　　　　　　　　　　　　　　　　　유충

점박이불나방
42~47mm, 6~8월(여름), 참나무류(유충). 날개는 회백색이고 검은색 점무늬가 많다. 유충의 몸은 황색이고 머리와 배 끝은 주황색이며 기다란 털이 많다.

성충 　　　　　　　　　　　　　　　　　　　　　　　　　유충

줄점불나방
38~44mm, 5~8월(여름), 버드나무, 벚나무, 여뀌(유충). 날개는 황회색이고 배는 붉은색이며 더듬이는 실 모양이다. 유충은 몸 전체에 길고 뻣뻣한 털이 수북하게 나 있다.

밤에 만나는 곤충 > 나비목

불나방과

홍배불나방
48~65mm. 6~8월(여름). 날개는 흰색이고 배 부분은 붉은색을 띠고 있어서 이름이 지어졌다. 날개 뒤쪽에 1~2개의 점무늬가 있다.

불나방과

불나방과

점무늬불나방 28~40mm. 5~9월(여름). 감나무, 뽕나무(유충). 날개는 연한 우유색이고 검은색 점무늬가 매우 많다.

흰제비불나방 60~72mm. 7~8월(여름). 개망초, 갈퀴나물, 살갈퀴(유충). 날개는 흰색이고 무늬가 없으며 등 부분에 검은색 점무늬가 있다.

밤에 만나는 곤충 > 나비목

불나방과

각시불나방 / 20~24mm, ⏲ 6~8월(여름), 🌿 지의류(유충). 앞날개는 회색이고 날개 가장자리에 황색 테두리가 있다.

불나방과

노랑배불나방 / 27~35mm, ⏲ 7~9월(여름), 🌿 이끼류(유충). 날개는 회색빛이 도는 황색이고 머리와 앞가슴등판은 황색이다.

불나방과

톱날무늬노랑불나방 / 16mm 내외, ⏲ 6~9월(여름). 날개는 회색이고 붉은색 테두리가 있으며 안쪽에 톱니 모양 줄무늬가 있다.

독나방과

점흰독나방 / 39~43mm, ⏲ 5~9월(여름), 🌿 차나무(유충). 날개는 흰색이고 날개 양쪽에 작은 검은색 점이 있다.

밤에 만나는 곤충 > 나비목

성충 유충

콩독나방 독나방과
📏 34~53mm, 📅 6~8월(여름), 🌿 돌콩, 갈참나무, 버드나무(유충). 날개는 황갈색이고 더듬이는 빗살 모양이다. 유충은 털이 매우 많고 배마디 윗부분에 갈색 털 뭉치가 있다.

흰독나방 독나방과
📏 25~42mm, 📅 5~8월(여름), 🌿 버드나무, 장미, 뽕나무(유충). 날개는 흰색이고 흑갈색 무늬가 있으며 배는 주황색이다.

엘무늬독나방 독나방과
📏 43~57mm, 📅 6~8월(여름), 🌿 느릅나무, 사시나무(유충). 날개는 흰색이고 알파벳 L자 모양의 무늬가 있다.

밤에 만나는 곤충 > 나비목

성충 유충

매미나방
🦋 42~70mm, ⏱ 7~8월(여름), 🌿 참나무류, 버드나무, 벚나무(유충). 날개는 수컷은 흑갈색, 암컷은 우유색을 띤다. 유충은 긴 털이 매우 많고 청색과 붉은색이 있어서 알록달록하다.

붉은매미나방 🦋 45~82mm, ⏱ 7~9월(여름), 🌿 갈참나무, 단풍나무, 밤나무(유충). 날개는 분홍색이 도는 갈색이고 더듬이는 빗살 모양이다.

물결매미나방 🦋 50~73mm, ⏱ 7~8월(여름), 🌿 참나무류(유충). 날개는 회색이고 물결처럼 보이는 검은색 줄무늬가 많다.

밤에 만나는 곤충 〉 나비목

붉은줄푸른자나방 ⌀ 25~32㎜. ◐ 6~8월(여름). ❀ 종가시나무(유충). 날개는 녹색이고 2개의 흰색 줄무늬가 뚜렷하며 불빛에 잘 모여든다.

큰무늬박이푸른자나방 ⌀ 26~29㎜. ◐ 6~7월(여름). ❀ 까치박달(유충). 날개는 연녹색이고 4개의 검은색 점무늬가 뚜렷하다.

톱날푸른자나방 ⌀ 43㎜ 내외. ◐ 5~8월(여름). 날개는 암녹색이고 흰색 무늬가 많으며 날개 가장자리가 톱니 모양이다.

흰줄푸른자나방 ⌀ 40~45㎜. ◐ 5~8월(여름). ❀ 밤나무, 신갈나무(유충). 날개는 연녹색이고 2개의 비스듬한 흰색 줄무늬가 있다.

밤에 만나는 곤충 > 나비목

자나방과

점줄흰애기자나방 🔲 39~44mm, ⏱ 6~8월 (여름). 날개는 흰색이고 중앙에 4개의 둥글고 큰 회갈색 점무늬가 있다.

자나방과

네눈은빛애기자나방 🔲 28~42mm, ⏱ 6~8월(여름). 날개는 은빛이 나는 흰색이며 4개의 둥글고 큰 점무늬가 있다.

자나방과

줄노랑흰애기자나방 🔲 20~23mm, ⏱ 5~10월 (여름). 🌿 감나무, 국화(유충). 날개는 흰색이고 연주황색 물결무늬가 있다.

자나방과

배노랑물결자나방 🔲 38~46mm, ⏱ 6~8월 (여름). 🌿 담쟁이덩굴(유충). 날개에 있는 검은색 줄무늬가 물결 같고 배는 황색이다.

별박이자나방 🔹 32~47mm, 🔹 6~7월(여름), 🔹 광나무, 물푸레나무, 쥐똥나무(유충). 날개는 흰색이고 검은색 점무늬가 많으며 불빛에 잘 모여든다.

노랑띠알락가지나방 🔹 50~58mm, 🔹 6~8월(여름), 🔹 명자나무, 개느삼, 섬딸기(유충). 날개는 흰색이고 귤색과 회백색 점무늬가 많다.

불회색가지나방

🔹 50~70mm, 🔹 6~8월(여름), 🔹 느티나무, 아까시나무(유충). 몸과 날개는 회색빛이 도는 연갈색이고 검은색 가로줄무늬가 있다. 수컷의 더듬이는 빗살 모양이고 암컷은 실 모양이다.

밤에 만나는 곤충 > 나비목

뿔무늬큰가지나방 48~56㎜, 5~8월(여름). 개암나무, 밤나무, 버드나무(유충). 날개는 갈색이고 검은색 줄무늬와 작고 연한 점무늬가 많다.

소뿔가지나방 38~43㎜, 8월(여름). 느릅나무, 벚나무, 신갈나무(유충). 날개는 연갈색이고 가장자리가 톱니 모양이며 점무늬가 많다.

알락흰가지나방 50~55㎜, 6~8월(여름). 감나무(유충). 날개는 회백색이고 크고 작은 검은색 점무늬가 많다.

큰알락흰가지나방 58㎜ 내외, 5~8월(여름). 감나무(유충). 날개는 회백색이고 검은색 점무늬가 크고 많아서 검게 보인다.

밤에 만나는 곤충 > 나비목

날개물결가지나방 🔲 27~36mm, 🕒 5~8월(여름). 🌿 갈참나무, 버드나무(유충). 날개는 연갈색이고 물결 모양의 줄무늬가 있다.

구름무늬가지나방 🔲 40mm 내외, 🕒 6~7월(여름). 진갈색의 날개에 구불구불한 검은색 무늬가 있어서 먹구름이 낀 것처럼 보인다.

세줄날개가지나방 🔲 39~54mm, 🕒 5~8월(여름). 🌿 졸참나무, 사과나무(유충). 날개는 흑갈색이고 줄무늬가 많으며 더듬이는 빗살 모양이다.

네무늬가지나방 🔲 17~20mm, 🕒 5~8월(여름). 날개는 연황색이고 4개의 갈색 점무늬가 있으며 가장자리에는 줄무늬가 있다.

밤에 만나는 곤충 〉 나비목

갈고리나방과

참나무갈고리나방 🔲 27~35㎜, 🕐 5~9월 (여름). 🍃 참나무류(유충). 날개는 황갈색이고 갈고리 모양으로 휘어져 있다.

황줄점갈고리나방 🔲 25~37㎜, 🕐 5~9월 (여름). 🍃 참나무류(유충). 갈고리 모양으로 휘어진 날개에 2개의 가로줄무늬가 있다.

갈고리나방과 / 풀명나방과

밤색갈고리나방 🔲 34~42, 🕐 5~9월(여름). 날개는 갈색과 적갈색, 황갈색 등 다양하고 중앙에 2쌍의 검은색 점무늬가 있다.

큰칠점박이포충나방 🔲 18㎜ 내외, 🕐 5~9월 (여름). 앞날개에 주황색 띠무늬가 많고 날개 끝 부분에 검은색 점무늬가 있다.

밤에 만나는 곤충 〉나비목

이화명나방 🗡22~24㎜, ⏱6~8월(여름),
🌿벼, 옥수수(유충). 날개는 황갈색이고 무늬가 없으며 유충은 벼과 식물의 해충이다.

연보라들명나방 🗡15~20㎜, ⏱5~8월(여름),
🌿참나무류, 자작나무류, 개암나무(유충). 날개는 연보라색이며 앞날개 윗부분은 흰색을 띤다.

복숭아명나방 🗡23~29㎜, ⏱5~9월(여름),
🌿복숭아나무, 밤나무, 벚나무(유충). 날개는 황갈색이고 검은색 점무늬가 전체에 흩어져 있다.

목화명나방 🗡22~30㎜, ⏱5~8월(여름),
🌿목화, 벽오동, 무궁화(유충). 날개는 황백색이고 줄무늬가 많으며 목화의 해충이다.

밤에 만나는 곤충 〉 나비목

말굽무늬들명나방 🗡27~32mm. ⊙5~8월 (여름). 날개에 물결 모양의 무늬가 있고 뒷날 개 중앙에 말굽 모양의 무늬가 있다.

구름무늬들명나방 🗡18~23mm. ⊙6~8월(여름). 🌱갈참나무(유충). 앞날개 끝 부분에 있는 흰색 무늬가 구름이 둥둥 떠 있는 것처럼 보인다.

몸노랑들명나방 🗡25~27mm. ⊙5~9월(여름). 🌱벚나무, 감나무(유충). 날개는 황색이고 앞뒤 날개에 5개의 검은색 줄무늬가 있다.

큰노랑들명나방 🗡26mm 내외. ⊙6~8월(여름). 날개는 연황색이고 뒷날개는 개체에 따라 황색 또는 황백색을 띤다.

각시뾰족들명나방 🗡18~21mm. ⊙6~9월 (여름). 🌱꿀풀류, 현삼류(유충). 날개는 황갈색 이고 물결 모양의 진한 갈색 무늬가 있다.

포도들명나방 🗡23~28mm. ⊙6~9월(여름). 🌱포도, 담쟁이덩굴(유충). 날개는 암갈색이고 황백색 점무늬가 많고 더듬이는 실 모양이다.

밤에 만나는 곤충 > 나비목

목화바둑명나방 〰28~30mm, ⏱6~10월(여름). 🌿목화, 무궁화(유충). 날개는 흰색이고 바깥쪽에 굵은 흑갈색 테두리가 있다.

흰띠명나방 〰20~24mm, ⏱5~10월(여름). 🌿맨드라미, 시금치(유충). 날개는 흑갈색이고 날개 중앙에 흰색 띠무늬가 있다.

성충

유충

혹명나방
〰16~20mm, ⏱6~10월(여름). 🌿벼, 밀, 보리(유충). 앞날개는 황색이고 가장자리는 진갈색이다. 유충의 머리는 갈색이고 몸은 녹황색이며 흰색 점무늬가 흩어져 있다.

밤에 만나는 곤충 › 나비목

풀명나방과

조명나방 📏 23~32mm, 📅 7~9월(여름), 🍴 조, 옥수수, 콩(유충). 날개는 황갈색이고 물결 모양의 적갈색 무늬가 있다.

명나방과

흰날개큰집명나방 📏 32~34mm, 📅 6~8월 (여름). 날개는 황록색을 띠는 흑갈색이고 중앙에 굵은 흰색 띠무늬가 있다.

명나방과

줄보라집명나방 📏 27~30mm, 📅 6~8월(여름). 날개 윗부분은 흑갈색, 아랫부분은 주황색이고 중앙에 주황색 띠무늬가 있다.

명나방과

노랑눈비단명나방 📏 26~33mm, 📅 6~8월(여름), 🍴 단풍나무, 양버즘나무, 갈참나무(유충). 날개는 적황색으로 매우 화려하고 1쌍의 황색 점무늬가 뚜렷하다.

굵은띠비단명나방 🔗 26~30mm. 🕐 7~8월 (여름). 🍃 녹나무, 옻나무(유충). 날개는 주황색이고 2개의 굵은 황색 띠무늬가 있다.

날개뾰족명나방 🔗 18~21mm. 🕐 5~8월(여름). 날개는 붉은색이고 뾰족하며 앞날개 가장자리에 흰색 점무늬가 줄지어 있다.

큰홍색뾰족명나방 🔗 18~21mm. 🕐 6~9월 (여름). 날개는 황적색이고 뾰족하며 머리는 흰색을 띠며 밤에 불빛에 잘 날아온다.

노랑꼬리뾰족명나방 🔗 13~16mm. 🕐 6~8월 (여름). 날개는 적갈색이고 아랫부분은 붉은색을 띠며 앞날개에 스티치 무늬가 있다.

화랑곡나방 🔗 12~18mm. 🕐 5~9월(여름). 🍃 쌀, 콩(유충). 앞날개 윗부분은 흰색, 아랫부분은 갈색이며 유충은 저장 곡물 해충이다.

앞붉은명나방 🔗 25~31mm. 🕐 5~8월(여름). 🍃 토끼풀, 과실수(유충). 날개는 황색이고 가장자리는 붉은색이다.

밤에 만나는 곤충 〉나비목

녹색박각시 📏62~81mm, 📅5~10월(여름), 🌿까치박달, 참느릅나무(유충). 녹색의 날개가 매우 아름답고 연 2회 출현한다.

물결박각시 📏55~69mm, 📅6~8월(여름), 🌿물푸레나무, 쥐똥나무(유충). 날개는 녹색빛이 도는 회색이고 물결 모양의 가로줄무늬가 있다.

닥나무박각시 📏69~74mm, 📅5~9월(여름), 🌿닥나무, 꾸지나무(유충). 날개는 황록색 또는 갈색이고 2개의 흰색 점무늬가 있다.

분홍등줄박각시 📏77~86mm, 📅5~8월(여름), 🌿매실나무, 자두나무(유충). 날개는 진갈색이고 뒷날개는 분홍색을 띤다.

밤에 만나는 곤충 > 나비목

박각시과

벚나무박각시
96~118mm, 5~8월(여름), 벚나무(유충). 날개는 갈색이고 검은색 무늬가 있으며 끝 부분은 톱니 모양이다. 뒷날개가 앞날개 윗부분으로 올라와서 날개가 불룩해 보인다.

머루박각시 84~88mm, 6~8월(여름), 머루, 포도(유충). 날개는 갈색이고 붉은색 무늬가 있으며 날개 끝은 톱니 모양이다.

우단박각시 47~62mm, 5~8월(여름), 봉선화, 흰솔나물(유충). 날개는 흑갈색이고 몸이 벨벳(우단)처럼 보인다.

박각시과

점갈고리박각시
91~99mm, 5~8월(여름), 옻나무류(유충). 날개는 황갈색이고 2쌍의 검은색 점무늬가 있다. 가슴에는 녹갈색 줄무늬가 있고 배 끝에는 3개의 녹갈색 점무늬가 있다.

박각시과

아시아갈고리박각시
105~117mm, 8월(여름), 참나무류, 호두나무류(유충). 날개는 갈색이고 녹흑색 점무늬가 있으며 끝 부분은 갈고리처럼 휘어졌다. 배마디에는 2개의 점무늬가 있다.

콩박각시
🔹94~106㎜, 🕐6~8월(여름), 🌱싸리나무, 아까시나무(유충). 날개는 황색이 도는 연갈색이고 물결 모양의 무늬가 있다. 유충은 콩과 식물의 잎을 갉아 먹는다.

등줄박각시
🔹95~110㎜, 🕐5~8월(여름), 🌱밤나무, 상수리나무(유충). 날개는 암갈색과 검은색, 적갈색, 흑갈색 등 색깔이 다양하고 줄무늬가 많다. 유충은 풀숲에서 월동한다.

재주나방과

성충

유충

꽃술재주나방 / 75~78㎜, 5~8월(여름), 신나무, 복자기, 단풍나무(유충). 날개는 검은색이고 배 끝에 꽃술 모양의 털 뭉치가 있다. 나무에 거꾸로 매달려 있는 유충의 모습이 재주를 부리는 것처럼 보인다.

재주나방과

검은띠나무결재주나방 / 33~37㎜, 5~8월(여름), 오리나무(유충). 날개가 나뭇결처럼 보이고 더듬이는 양빗살 모양이다.

재주나방과

배얼룩재주나방 / 75~85㎜, 6~8월(여름). 날개는 암갈색이고 배는 검은색이며 황색 털로 된 줄무늬가 있어서 얼룩덜룩해 보인다.

먹무늬재주나방 🎌 42~56mm, ⏱ 6~9월(여름), 🍃 산사나무, 버드나무(유충). 흰색 날개의 윗부분과 끝 부분에 검은색 무늬가 있다.

은무늬재주나방 🎌 38~45mm, ⏱ 6~8월(여름), 🍃 신갈나무, 피나무(유충). 날개는 갈색이고 삼각형의 은색 무늬가 있다.

곱추재주나방 🎌 65~80mm, ⏱ 5~8월(여름), 🍃 졸참나무(유충). 가슴에 높게 솟은 털 뭉치가 꼽추처럼 보여 이름이 지어졌다.

참나무재주나방 🎌 43~65mm, ⏱ 6~8월(여름), 🍃 참나무류(유충). 날개는 회색이고 검은색 줄무늬가 있으며 끝 부분은 흰색이다.

재주나방과

주름재주나방 📏 49~62mm, 🕐 4~8월(여름), 🌿 황철나무, 등나무(유충). 날개는 연갈색이고 줄무늬가 많아서 주름져 보인다.

쐐기나방과

뒷검은푸른쐐기나방 📏 22~30mm, 🕐 5~8월(여름), 🌿 버드나무, 참느릅나무(유충). 날개는 녹색이고 끝 부분에 굵은 갈색 테두리가 있으며 불빛에 잘 날아든다.

쐐기나방과

흰점쐐기나방 📏 25~28mm, 🕐 6~8월(여름), 🌿 참나무류, 밤나무, 벚나무(유충). 날개는 갈색이고 앞날개에 1쌍의 흰색 점무늬가 있다.

쐐기나방과

새극동쐐기나방 📏 23~25mm, 🕐 6~7월(여름). 날개는 황갈색이고 더듬이를 몸에 붙이고 있는 모습이 삼각형처럼 보인다.

성충 / 고치

노랑쐐기나방

24~35mm. 6~8월(여름). 벚나무, 버드나무, 앵두나무(유충). 날개는 황색이고 아랫부분은 갈색을 띤다. 회백색 바탕에 흑갈색 무늬가 있는 단단한 고치 속에서 월동한다.

성충 / 유충(쐐기)

극동쐐기나방

23~25mm. 7~9월(여름). 층층나무, 참나무류, 벚나무(유충). 날개는 연한 회갈색이고 검은색 비늘가루가 흩어져 있다. 유충은 녹색이고 흰색의 세로줄무늬가 있으며 '쏘는 유충'이라고 해서 '쐐기'라고 불린다.

밤에 만나는 곤충 > 나비목

쐐기나방과

참쐐기나방 📏 24~26mm. 🕐 7~8월(여름). 날개는 황갈색이고 2개의 갈색 가로줄무늬가 있으며 가슴에는 털 뭉치가 있다.

잎말이나방과

사과잎말이나방 📏 19~34mm. 🕐 5~9월(여름). 🌿 사과나무(유충). 몸은 종 모양과 비슷하고 유충은 낙엽 속에서 월동한다.

잎말이나방과

큰사과잎말이나방 📏 18~35mm. 🕐 5~9월(여름). 🌿 배나무, 사과나무(유충). 날개는 연갈색이고 유충은 과수원의 해충이다.

잎말이나방과

애모무늬잎말이나방 📏 14~24mm. 🕐 5~9월(여름). 🌿 진달래, 땅콩, 사과나무(유충). 날개는 황갈색이고 그물 모양의 갈색 줄무늬가 있다.

밤에 만나는 곤충 > 나비목

잎말이나방과

감나무잎말이나방 ✎ 20~25㎜. ⏱ 4~5월(봄). 🌿 감나무, 배나무, 버드나무(유충). 날개는 연주황색이고 은색 띠무늬가 빛난다.

잎말이나방과

찔레애기잎말이나방 ✎ 18㎜ 내외. ⏱ 5~6월(봄). 🌿 장미나무(유충). 앞날개 윗부분은 회갈색, 아랫부분은 흰색이며 몸이 작고 가늘다.

창나방과

창나방 ✎ 19~25㎜. ⏱ 5~8월(여름). 🌿 갈참나무, 신갈나무, 밤나무(유충). 날개는 주황색이고 그물 모양의 가느다란 선이 많다.

굴벌레나방과

알락굴벌레나방 ✎ 40~70㎜. ⏱ 7~8월(여름). 날개는 흰색이고 검은색 점무늬가 흩어져 있으며 유충은 나무에 굴을 판다.

밤에 만나는 곤충 〉 나비목

산누에나방과

옥색긴꼬리산누에나방
∅ 95~117mm. ☀ 5~8월(여름). ❀ 녹나무, 단풍나무(유충). 날개는 옥색이고 4개의 둥근 무늬가 있으며 날개꼬리가 매우 길다. 크기가 커서 불빛에 날아오면 새처럼 보인다.

산누에나방과

참나무산누에나방
∅ 112~145mm. ☀ 6~8월(여름). ❀ 상수리나무, 졸참나무(유충). 날개는 붉은빛이 도는 갈색이고 4개의 커다란 눈알 모양의 무늬가 있다. 유충은 질긴 실로 고치를 만들고 월동한다.

밤에 만나는 곤충 〉 나비목

누에나방과

멧누에나방 🔎 34~50mm, 📅 6~11월(여름), 🌿 뽕나무(유충). 몸과 날개는 암갈색이고 사육하는 누에나방의 야생형이다.

뾰족날개나방과

애기담흥뾰족날개나방 🔎 28~36mm, 📅 6~8월(여름), 🌿 국수나무(유충). 날개는 암갈색이고 연홍색 무늬가 많다.

알락나방과

성충   유충

뒤흰띠알락나방 🔎 55mm 내외, 📅 6~8월(여름), 🌿 노린재나무(유충). 날개는 흑갈색이고 흰색 띠가 있으며 머리는 붉은색을 띤다. 유충은 검은색이고 황색의 사각형 무늬가 줄지어 있다.

노린재목 > 노린재과

얼룩대장노린재 🔲 21mm 내외. 🕒 4~10월(가을). 🌿 참나무류. 몸이 얼룩덜룩하고 등불이 켜진 주변의 땅을 기어 다닌다.

노린재과

썩덩나무노린재 🔲 13~18mm. 🕒 3~11월(가을). 🌿 각종 식물, 과일나무. 몸은 진갈색이고 불규칙한 무늬가 흩어져 있으며 불빛에 잘 모인다.

노린재과

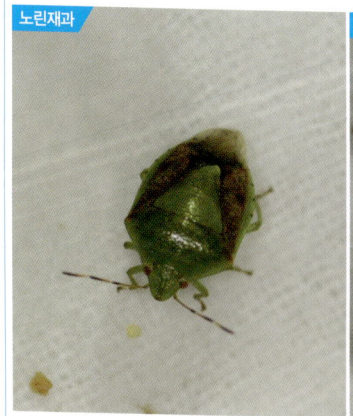

갈색날개노린재 🔲 10~12mm. 🕒 3~11월(여름). 🌿 과일나무, 각종 식물. 불빛에 잘 날아오며 풀뿌리 근처에서 성충으로 월동한다.

소금쟁이과

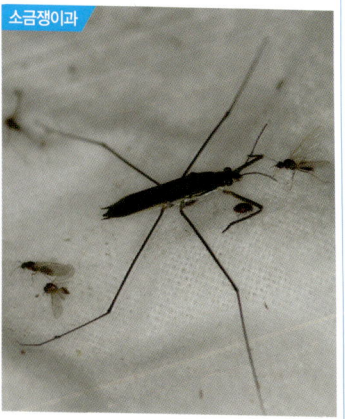

소금쟁이 🔲 11~16mm. 🕒 4~10월(여름). 🌿 물에 떨어진 사체, 죽은 물고기. 연못과 습지 등의 물가에 불빛이 켜지면 잘 날아온다.

진방물벌레 ✎ 5.9mm 내외. ⏱ 3~10월(여름). 🌿 수생식물. 논과 연못, 웅덩이에 살다가 불빛이 켜지면 잘 유인되어 날아온다.

동해긴날개멸구 ✎ 5mm 내외. ⏱ 7~9월(여름). 몸에 비해 날개가 매우 크고 길며 불빛이 환하게 켜지면 사뿐히 잘 날아온다.

남쪽날개매미충
✎ 6~7mm. ⏱ 8~9월(여름). 🌿 귤나무, 칡. 날개는 갈색이고 날개 중앙에 암갈색 띠무늬가 뚜렷하다. 경작지 주변이나 들판에 서식하며 벼과 식물에 산다.

신부날개매미충 ✎ 9mm 내외. ⏱ 8~9월(여름). 🌿 칡, 인삼. 날개는 투명하고 가장자리에 황색 점무늬가 있으며 등불에 잘 모인다.

귀매미 ✎ 14~18mm. ⏱ 5~8월(여름). 🌿 떡갈나무, 졸참나무. 암갈색의 몸은 나무껍질과 비슷하고 참나무 숲에 산다.

밤에 만나는 곤충 〉 노린재목

매미과

매미과

애매미 🔍 43~46mm, 📅 6~10월(여름), 🌿 나 뭇진. 낮 동안 나무에 붙어서 울다가 밤에 켜 진 환한 등불에 유인되어 날아온다.

늦털매미 🔍 35~38mm, 📅 8~11월(여름), 🌿 나뭇진. 날씨가 흐리거나 해가 저도 잘 울며 밤에 켜진 등불에도 잘 날아온다.

꽃매미과

꽃매미과

꽃매미 🔍 14~15mm, 📅 7~11월(여름), 🌿 포도 나무, 사과나무, 포도나무 등 과일나무의 즙을 매우 좋아하며 불빛에도 모인다.

희조꽃매미 🔍 12~14mm, 📅 7~10월(여름), 🌿 나뭇진. 낮에는 나무의 즙을 빨아 먹고 밤 에 등불이 켜지면 불빛을 향해 모여든다.

밤에 만나는 곤충 > 파리목 | 벌목

파리목 > 들파리과

등에과

뿔들파리 🗡 9~11mm. ⏱ 4~8월(여름). 🍴 꽃가루(성충). 비행 능력이 좋아서 밤에 켜진 불빛에 매우 빨리 날아온다.

갈로이스등에 🗡 19~20mm. ⏱ 6~8월(여름). 🍴 나뭇진. 등불이 켜진 곳에 훌쩍 날아오는 비행 솜씨가 매우 뛰어나다.

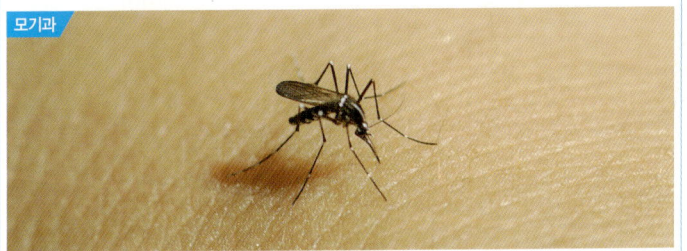
모기과

흰줄숲모기
🗡 4.5mm 내외. ⏱ 6~9월(여름). 🍴 사람의 피(성충). 숲이나 도시에 모인 사람의 피를 빨아 먹는 야행성 흡혈 곤충이다. 다리에 여러 개의 흰색 띠무늬가 있으며 흔히 '산모기'라고 불린다.

벌목 > 말벌과

말벌과

말벌 🗡 21~29mm. ⏱ 4~10월(여름). 🍴 꿀벌 유충, 곤충, 나뭇진. 밤에 나무에 모여 나뭇진을 먹고 있다가 불빛이 환하게 켜진 곳에 유인되어 날아온다.

뱀허물쌍살벌 🗡 13~18mm. ⏱ 4~9월(여름). 🍴 곤충 유충. 비행 실력이 좋아서 밤에 불빛이 켜지면 매우 빨리 모여든다.

467

밤에 만나는 곤충 > 메뚜기목 | 잠자리목

메뚜기목 > 좁쌀메뚜기과

좁쌀메뚜기 📏 4~5mm, 🕐 1~12월(여름), 🍽 조류. 몸은 검고 좁쌀처럼 매우 작으며 밤에 켜진 불빛에도 매우 잘 날아온다.

귀뚜라미과

왕귀뚜라미 📏 17~24mm, 🕐 7~11월(가을), 🍽 잡식성. 등불이 켜진 곳에 모여들어 점프를 하며 뛰어다닌다.

여치과

검은다리실베짱이 📏 29~36mm, 🕐 6~11월(가을), 🍽 잎, 꽃가루. 풀숲에서 쉬고 있다가 등불이 환하게 켜지면 천천히 모여든다.

잠자리목 > 잠자리과

나비잠자리 📏 36~42mm, 🕐 6~9월(여름), 🍽 곤충. 날개는 암청색이고 끝은 투명하며 모습이 나비처럼 보인다.

밤에 만나는 곤충 > 풀잠자리목

풀잠자리목 > 풀잠자리과

뿔잠자리과

칠성풀잠자리 14~15mm, 5~8월(여름). 진딧물류, 응애류. 풀밭에서 진딧물을 잡아 먹고 살다가 밤에 불빛이 켜지면 날아온다.

뿔잠자리 30mm 내외, 5~9월(여름). 소형 곤충(유충). 몸은 갈색이고 더듬이는 매우 길며 끝 부분이 불룩하게 부풀었다.

명주잠자리과

뱀잠자리과

명주잠자리 40mm 내외. 6~10월(여름). 개미(유충). 날개는 잠자리처럼 넓지만 몸이 얇고 힘이 없어서 잘 날지 못한다.

대륙뱀잠자리 40~50mm, 5~9월(여름). 저서무척추동물, 작은 물고기(유충). 모습이 잠자리 와 닮았고 하천 주변에 등불을 켜면 잘 날아온다.

자벌레

곤충 상식

- 곤충의 형태 ············ 472
- 곤충의 발전 방향 ······· 473
- 곤충 채집과 관찰 ······· 474
- 딱정벌레의 생활 ········ 476
- 법의학 곤충 ············ 477
- 사육하는 곤충 ·········· 478
- 반딧불이의 생활 ········ 479
- 거위벌레의 생활 ········ 480
- 나비의 수태낭 ·········· 481
- 나비와 나방의 눈알 무늬 · 482
- 불나방의 생활 ·········· 483
- 자벌레의 생활 ·········· 484
- 노린재의 생활 ·········· 485
- 매미의 생활 ············ 486
- 귀화 곤충 ·············· 487
- 곤충의 정지 비행 ······· 488
- 곤충의 사냥 ············ 489
- 꿀벌과 꽃벌의 생활 ····· 490
- 개미의 결혼 비행 ······· 491
- 다양한 해충 ············ 492
- 날도래의 생활 ·········· 493
- 절지동물 무리 ·········· 494
- 거미류의 종류와 생활 ··· 495
- 갑각류의 종류와 생활 ··· 496
- 다지류의 종류와 생활 ··· 497

곤충의 형태

곤충은 등뼈가 없는 무척추동물이고 몸이 마디마디로 되어 있는 절지동물에 속한다. 곤충의 몸은 머리, 가슴, 배의 세 부분으로 나뉜다. 머리에는 1쌍의 겹눈과 1쌍의 더듬이와 입이 있으며, 가슴에는 3쌍의 다리와 2쌍의 날개가 있고, 배에는 소화계, 호흡계, 생식계 등이 있다.

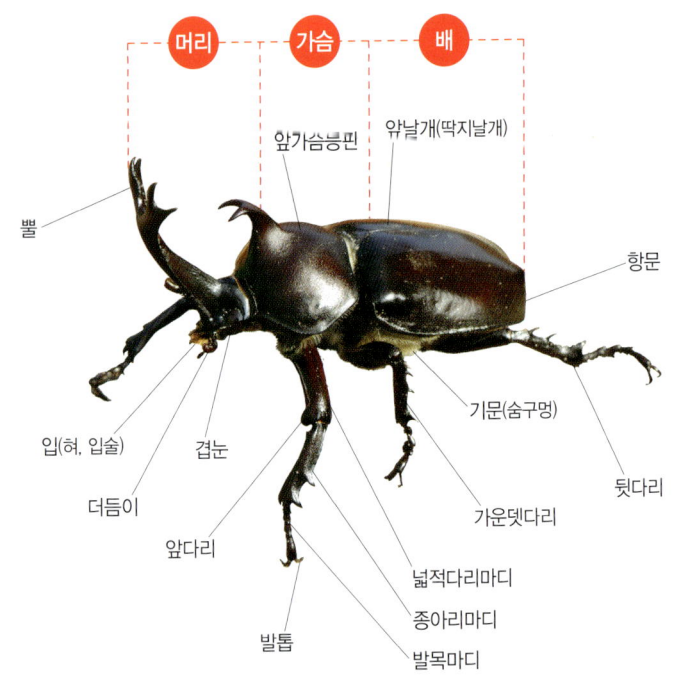

곤충의 발전 방향

곤충은 생존에 유리한 방향으로 분화 발전하며 번성해 가고 있다. 무시류에서 유시류로 날개가 생겨났고, 고시류에서 신시류로 날개를 접을 수 있게 되었으며, 외시류에서 내시류로 완전변태할 수 있게 발전하여 지구상에서 최고로 번성한 생물군이 되었다.

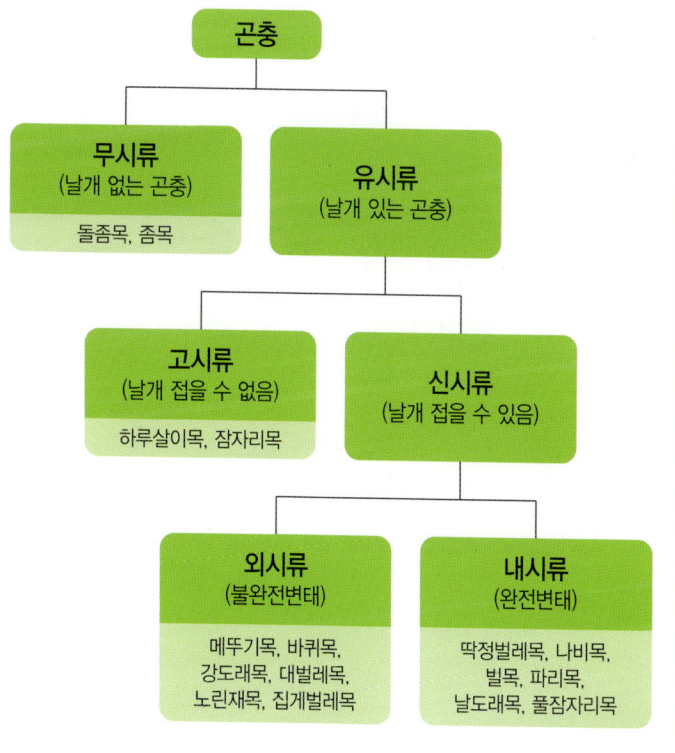

곤충 채집과 관찰

곤충은 재빠르게 움직이기 때문에 모습을 관찰하려면 우선 채집을 해야 한다. 곤충의 특성에 알맞은 다양한 채집 방법을 이용하면 곤충을 좀 더 쉽게 채집하여 곤충의 형태와 특징을 자세히 관찰할 수 있다.

① 곤충 채집법

포충망 채집법 : 비행하거나 앉아 있는 곤충

관찰 채집법 : 숨어 있는 곤충

함정 채집법 : 육식성 곤충(썩은 고기, 당밀)

유인 채집법 : 나뭇진을 좋아하는 곤충(바나나)

등화 채집법 : 야행성 곤충(가로등 같은 불빛)

수서곤충 채집법 : 수서곤충(뜰채, 족대)

② 곤충 채집 및 관찰 준비물

포충망(잠자리채), 채집통(지퍼백, 삼각통 등), 뜰채, 모종삽, 확대경(돋보기, 루페), 필기도구, 핀셋, 관찰 상자, 카메라, 도감, 모자, 긴 바지, 운동화, 배낭, 장갑, 장화, 비옷, 우산, 구급약, 간식, 물

곤충 관찰 일지

관찰 날짜 :   관찰자 :

관찰 장소 :   날씨 :

주변 환경 :

관찰한 내용

① 관찰한 곤충 :

② 곤충 발견 장소 :

③ 곤충의 행동 :

④ 특별한 점 :

새롭게 알게 된 사실

느낀 점과 궁금한 점

곤충 상식

딱정벌레의 생활

발이 빠른 곤충은 천적으로부터 몸을 피하거나 먹이를 쉽게 찾을 수 있어서 생존에 매우 유리하다. 딱정벌레류에 속하는 길앞잡이와 딱정벌레, 먼지벌레 등은 긴 다리로 육상 선수처럼 민첩하게 움직인다.

① 빠르게 달려가기

길앞잡이

아이누길앞잡이

사냥꾼 길앞잡이는 빠른 발로 사냥하는 육식성 곤충인데, 발이 너무 빨라서 달리다 보면 앞이 보이지 않아 멈칫거리며 자주 쉰다.

② 어두운 곳에 숨기

검정명주딱정벌레

③ 먼지 나듯 기어가기

끝무늬녹색먼지벌레

딱정벌레와 먼지벌레는 어둡고 습한 곳을 매우 좋아하는 습성이 있다. 대부분 밤에 활동하며 작은 무척추동물이나 썩은 사체를 먹고 산다.

법의학 곤충

숲속 동물의 사체에는 부패 정도에 따라 각기 다른 곤충이 모여든다. 사체에 모인 곤충을 조사해 보면 사망 시간을 추정할 수 있다. 이처럼 범죄 해결에 도움을 주는 곤충을 '법의학 곤충'이라고 한다.

① 사체 냄새 맡고 모임

금파리, 쉬파리

② 사체 뜯어 먹기

참땅벌

금파리와 검정파리, 쉬파리 등 파리류는 동물이 죽은 뒤 2시간 이내에 사체에 도착하고, 그 후 사체를 뜯어 먹는 참땅벌과 말벌, 개미 등이 모인다.

③ 구더기 잡아먹기

큰넓적송장벌레

④ 사체 파묻기

넉점박이송장벌레

사체에 구더기가 생기면 넓적송장벌레류와 수중다리송장벌레류가 모여 구더기를 잡아먹고, 그 후 사체를 파묻는 매장충인 송장벌레류가 모인다.

사육하는 곤충

장수풍뎅이와 사슴벌레, 누에, 배추흰나비, 귀뚜라미, 흰점박이꽃무지는 쉽게 기를 수 있는 곤충이다. 곤충을 사육해 보면 알, 유충, 번데기, 성충으로 변화하며 자라는 신비로운 모습을 자세히 관찰할 수 있다.

① 애완 곤충

장수풍뎅이   넓적사슴벌레

큰 뿔을 가진 장수풍뎅이와 멋진 큰턱을 가진 넓적사슴벌레는 곤충 애호가들에게 인기가 좋은 애완 곤충으로 유명하다.

② 사육 곤충

누에나방의 유충(누에)   흰점박이꽃무지의 유충(굼벵이)

누에가 뽕잎을 먹고 자라서 변한 누에고치로는 비단실을 뽑았다. 초가지붕 아래에 사는 굼벵이는 약제로 이용하던 약용 곤충이다.

반딧불이의 생활

반딧불이는 몸속의 루시페린 효소로 불빛을 내서 의사소통하는 발광 생물이다. 전라북도 무주군 설천면 지역은 천연기념물 322호로 지정되었으며, 최근에는 반딧불이의 숫자가 급격히 줄어들고 있어서 보호가 시급하다.

① 반딧불이의 유충

늦반딧불이 : 유충이 육상 서식

애반딧불이 : 유충이 물속 서식

늦반딧불이의 유충은 육상에 살면서 달팽이 등의 작은 무척추동물을 잡아먹고 산다. 애반딧불이의 유충은 물속에서 다슬기와 고동 등을 먹는다.

② 반딧불이의 의사소통

늦반딧불이의 발광마디

운문산반딧불이의 발광마디

불빛을 내는 반딧불이의 발광마디는 수컷이 2마디, 암컷이 1마디이다. 불빛의 밝기와 점멸 주기를 변동시키면서 의사소통한다.

거위벌레의 생활

기다란 목과 두루뭉술한 엉덩이, 짧은 다리를 가진 거위벌레는 모습이 거위를 빼닮았다. 거위벌레류는 잎을 말아서 요람을 만들고 알을 낳지만, 주둥이거위벌레류는 긴 주둥이로 열매에 구멍을 뚫은 뒤 알을 낳는다.

① 요람 만들기

왕거위벌레

거위벌레

거위벌레류는 생김새가 거위와 매우 많이 닮았다. 거위는 목이 길지만 거위벌레류는 머리가 길쭉하게 발달한 점이 서로 다르다.

② 열매에 구멍 뚫기

도토리거위벌레

도토리에 알을 낳은 흔적

주둥이거위벌레류에 속하는 도토리거위벌레는 도토리에 구멍을 뚫고 알을 낳는다. 덜 익은 도토리에 알을 낳고 가지를 잘라 땅에 떨어뜨린다.

나비의 수태낭

모시나비와 애호랑나비의 수컷은 짝짓기 후에도 암컷을 떠나지 않고 수태낭(짝짓기 주머니)을 만든다. 수태낭이 완성되면 암컷은 더 이상 짝짓기를 못하는데, 본래 한 번만 짝짓기한다.

① 모시나비의 짝짓기

짝짓기하는 모시나비

모시나비의 수태낭

모시나비는 모시 옷처럼 생긴 날개를 갖고 있다. 날개에 비늘가루가 없어서 손으로 만져도 묻지 않으며, 유충은 현호색류를 먹고 산다.

② 애호랑나비의 짝짓기

애호랑나비

애호랑나비의 수태낭

애호랑나비는 날개에 호랑이 줄무늬를 갖고 있다. 이른 봄에 진달래와 제비꽃 등의 꽃에서 꿀을 빨며 족도리풀이나 개족도리풀에 알을 낳는다.

나비와 나방의 눈알 무늬

산누에나방류와 뱀눈나비류는 날개에 모양과 크기, 숫자가 각기 다른 여러 개의 눈알 모양 무늬를 갖고 있다. 눈알 무늬는 자신을 큰 생물로 보이게 만들어 천적을 깜짝 놀래 주어 도망치는 데에 이용한다.

① 큰 눈알 무늬를 갖는 나방

참나무산누에나방 옥색긴꼬리산누에나방

산누에나방류는 대형 나방이라서 천적에게 쉽게 발각되지만, 날개에 있는 큰 눈알 무늬를 갑자기 노출시켜서 슬기롭게 도망친다.

② 많은 눈알 무늬를 갖는 나비

부처사촌나비 굴뚝나비

뱀눈나비류는 날개에 여러 개의 눈알 무늬를 갖고 있다. 천적을 만나면 크기가 다양한 여러 개의 눈알 무늬로 놀래 준 다음 재빨리 도망친다.

불나방의 생활

불나방은 불빛을 좋아한다고 해서 이름이 지어졌지만 불빛을 좋아하는 것은 아닙니다. 불나방이 불빛에 모여드는 이유는 '양성 주광성' 때문인데, 이는 빛이라는 자극을 향해 반응하는 나방의 특성을 말한다.

① 불빛에 모이는 불나방

등불에 모이는 나방   홍줄불나방

불나방은 등불을 향해 빙글빙글 돌며 날아온다. 정신을 차리지 못하고 계속 돌면서 등불에 부딪치다가 데어 죽는 경우가 매우 많다.

② 불나방의 성충과 유충

흰무늬왕불나방   점박이불나방의 유충

불빛에 모여드는 불나방은 날개 빛깔이 칙칙한 보통의 나방과 달리 화려하다. 유충은 몸에 긴 털이 많이 달린 송충이형 유충이다.

곤충 상식

자벌레의 생활

자벌레는 한 자 두 자 옷감을 재는 듯한 희한한 모습으로 기어가는 자나방의 유충이다. 나방류 유충은 보통 가슴다리와 배다리, 꼬리다리를 모두 갖고 있지만, 자벌레는 배다리가 없어서 특이한 형태로 기어간다.

① 자벌레와 나방 유충 비교

배다리가 없는 자벌레   배다리가 있는 나방 유충

자벌레는 보통의 나방류 유충처럼 꼬물꼬물 기어가지 못한다. 가슴다리와 꼬리다리로 몸을 고리 모양으로 만들며 기어 다닌다.

② 자벌레의 위장술

나뭇가지로 위장한 자벌레   새똥으로 위장한 자벌레

자벌레 중에는 덩치가 큰 가지나방 유충도 많다. 가지나방 유충은 천적으로부터 살아남기 위해 나뭇가지나 새똥 모양으로 잘 위장한다.

노린재의 생활

노린재는 잘 발달된 주둥이로 즙을 빨아 먹는 곤충이다. 육식성 노린재는 날카로운 주둥이로 사냥감을 찔러 체액을 빨아 먹는다. 해충 노린재는 식물의 줄기와 잎에 주둥이를 꽂고 즙을 빨아 먹는다.

① 사냥꾼 노린재

사냥하는 다리무늬침노린재   사냥하는 빨간긴쐐기노린재

침노린재류와 쐐기노린재류는 날카로운 주둥이로 소형 곤충과 유충을 찔러서 사냥한다. 사냥한 먹잇감을 찌른 채 갖고 다니며 체액을 빤다.

② 농작물 해충 노린재

콩과 작물 해충 톱다리개미허리노린재   과수 작물 해충 갈색날개노린재

해충 노린재는 밭 작물과 수도 작물, 과수 작물 등의 즙을 빨아 먹어서 피해를 일으킨다. 노린재에게 빨아 먹힌 부위는 병해를 입는다.

매미의 생활

매미 유충인 굼벵이는 땅속에 굴을 파고 들어가서 뿌리의 즙을 빨아 먹는다. 굼벵이는 5~7년 정도 지나면 땅 위로 올라와서 탈피 껍질(허물)을 벗고 어른이 되며, 짝을 찾아 울어댄다. 울음소리는 매미 종류에 따라 다르다.

① 매미의 탈피 껍질

참매미의 탈피 껍질

말매미의 탈피 껍질

애매미의 탈피 껍질

털매미의 탈피 껍질

매미가 우화하고 남은 탈피 껍질은 생김새가 종류에 따라 다르다. 탈피 껍질만 보고도 어떤 매미의 것인지 짐작할 수 있다.

② 매미의 울음소리

- **참매미** : 밈밈밈밈 미~~~~
- **말매미** : 차르르르~~~~
- **애매미** : 씨우~ 쥬쥬쥬쥬~ 쓰와쓰와~ 쓰츠크츠크츠크~ 오~쓰크쓰크~ 씨오츠씨오츠~ 츠르르르르
- **털매미** : 찌~~~~~~
- **유지매미** : 지글~~ 지글~~ 지글~~
- **쓰름매미** : 쓰~~름 쓰~~름~~

귀화 곤충

지구 온난화로 기후가 바뀌면서 귀화 곤충도 점점 늘어나고 있다. 중국 열대 지역이 원산지인 꽃매미가 무더워진 우리나라 기후에 적응해서 돌발 해충이 되었고, 오래전에 귀화한 흰개미는 문화재에 피해를 주고 있다.

① 과수 해충 꽃매미

떼를 지어 나무즙을 빠는 꽃매미

겨울을 나는 꽃매미의 알

꽃매미는 다양한 나무에 떼를 지어 모여 즙을 빨아 먹는다. 특히 포도와 복숭아, 배, 사과 등의 과수원에 대발생하면서 큰 피해를 일으키고 있다.

② 문화재 해충 흰개미

나무 분해자 흰개미

흰개미의 집

아열대 기후에 많이 사는 흰개미는 수입 목재와 함께 우리나라에 들어 왔다. 지구 온난화로 불어난 흰개미는 목조 문화재에 피해를 주고 있다.

곤충 상식

곤충의 정지 비행

꽃등에류와 재니등에류는 비행 솜씨가 매우 뛰어나다. 특히 제자리에서 정지 비행하는 솜씨가 최고이다. 꽃등에류는 꽃 주변에서 정지 비행을 잘 하고, 재니등에류는 정지 비행 상태로 꿀을 빠는 신비로운 곤충이다.

① 꽃등에의 정지 비행

호리꽃등에

수중다리꽃등에

꽃등에류는 꽃가루를 모으려고 꽃을 찾아 날아다닌다. 맘에 드는 꽃을 찾아 서성대며 날아다니는 모습 때문에 '떠돌이 파리'라고 부른다.

② 재니등에와 박각시의 정지 비행

좀털보재니등에

작은검은꼬리박각시

꽃을 찾아 날아온 재니등에류는 정지 비행을 하며 긴 주둥이로 꿀을 빤다. '곤충계의 벌새'라 하는 꼬리박각시류도 정지 비행 솜씨가 뛰어나다.

곤충의 사냥

파리매류와 잠자리류는 공중에서 날아가는 먹잇감을 순식간에 낚아채는 최고의 사냥꾼이다. 빠른 비행 솜씨로 사냥감을 낚아서 소쿠리에 담듯 긴 다리로 둥글게 움켜쥐기 때문에 사냥감이 꼼짝없이 걸려든다.

① 날쌘 사냥꾼 파리매

왕파리매

검정파리매

파리계의 매처럼 용맹한 파리매류는 재빨리 날아올라 긴 다리로 먹잇감을 낚아챈다. 몸속의 소화액을 내뿜어서 사냥감을 녹인 후 핥아 먹는다.

② 비행 솜씨가 뛰어난 잠자리

밀잠자리

북방아시아실잠자리

비행사 잠자리류는 거침없이 사냥한다. 실잠자리류도 소형 곤충을 사냥하는 육식성 곤충이다. 튼튼한 입으로 사냥감을 잘 씹어 먹는다.

꿀벌과 꽃벌의 생활

꿀벌류와 꽃벌류는 꿀과 꽃가루를 모으며 살아가는 습성이 매우 비슷하지만, 꿀벌은 여왕벌을 중심으로 집단생활을 하고, 꽃벌은 단독생활을 하는 점이 다르다.

① 집단생활을 하는 꿀벌

양봉꿀벌(서양꿀벌)

재래꿀벌(토종벌)

우리나라에는 양봉꿀벌과 재래꿀벌 두 종류가 있다. 양봉꿀벌은 수분을 위해 서양에서 들여왔고, 재래꿀벌은 토종꿀을 만드는 토종벌이다.

② 단독생활을 하는 꽃벌

어리흰줄애꽃벌

구리꼬마꽃벌

꽃벌류는 봄이 되면 땅속에 구멍을 파서 집을 만든다. 집 속에 2~3개의 유충 방을 만들고 꿀과 꽃가루를 반죽해서 넣은 후 알을 낳는다.

개미의 결혼 비행

놀이터와 공원, 산길에서 쉽게 볼 수 있는 개미는 결혼 비행을 통해 새로운 왕국을 형성한다. 여왕개미는 결혼 비행을 마친 후 날개를 떼고 썩은 나무나 식물의 뿌리 아래로 들어가서 새로운 집단을 만든다.

① 일본왕개미의 결혼 비행

결혼 비행을 준비하는 여왕개미   결혼 비행을 준비하는 수개미

일본왕개미는 4~6월에 결혼 비행을 한다. 여왕개미는 높은 곳으로 올라가 결혼 비행을 준비하고, 수개미는 굴 밖에 나와 결혼 비행을 준비한다.

② 곰개미와 가시개미의 결혼 비행

곰개미   가시개미

개미의 결혼 비행은 종류마다 시기가 각기 다르다. 곰개미와 불개미는 여름(6~8월), 가시개미와 황개미는 가을(9~11월)에 결혼 비행을 한다.

다양한 해충

주택가에는 인간에게 피해를 주는 다양한 해충이 살고 있다. 보는 것만으로도 소름 끼치는 꼽등이나 사람에게 질병을 옮기는 바퀴와 모기, 파리 등이 사람들의 건강을 위협하고 있다.

① 혐오 해충

집 현관에 있는 꼽등이

화단에 있는 알락꼽등이

꼽등이는 등이 굽고 흉측하게 생겨서 혐오감을 준다. 연가시가 몸속에 산다고 알려져서 소름 끼친다고 여기지만 질병을 일으키지는 않는다.

② 위생 해충

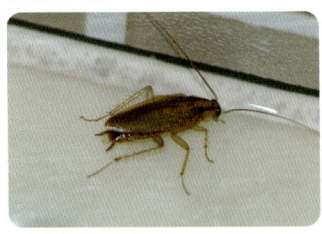

집 안에 사는 바퀴

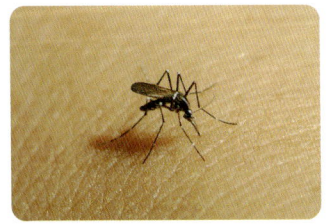

사람의 피를 빠는 흰줄숲모기

바퀴는 지저분한 곳을 돌아다니며 질병을 옮긴다. 모기는 사람의 피를 빨 때 말라리아나 뎅기열, 뇌염 등의 질병을 옮겨서 피해를 준다.

날도래의 생활

물에 사는 날도래류 유충은 달팽이처럼 집을 만든다. 날도래는 종류에 따라 식물 부스러기나 수서동물의 사체 찌꺼기, 작은 돌, 모래 등을 이용하여 각기 다른 집을 만들기 때문에 집 모양만 봐도 어떤 날도래인지 짐작할 수 있다.

① 우묵날도래류

띠무늬우묵날도래
(집 재료 : 나무 부스러기, 작은 돌)

가시우묵날도래
(집 재료 : 나무 부스러기, 작은 돌)

② 둥근날개날도래류

둥근날개날도래
(집 재료 : 식물 부스러기, 모래)

③ 네모집날도래류

네모집날도래
(집 재료 : 썩은 식물의 찌꺼기)

④ 바수염날도래류

바수염날도래(집 재료 : 모래)

⑤ 물날도래류

긴발톱물날도래(집을 짓지 않음)

절지동물 무리

절지동물은 몸이 마디로 되어 있고 다리의 마디마다 관절이 있는 무척추동물을 말한다. 절지동물에는 곤충류와 거미류, 갑각류, 다지류 등이 대표적이며 곤충류가 절지동물 전체의 90% 이상을 차지한다.

구분	곤충류	거미류	갑각류	다지류
대표종	호랑나비	긴호랑거미	공벌레	황주까막노래기
몸 마디	머리, 가슴, 배	머리가슴, 배	머리, 가슴	머리, 몸통
눈	겹눈, 홑눈	홑눈	겹눈	홑눈
더듬이	1쌍	없다	2쌍	1쌍
다리	3쌍	4쌍	5~8쌍	15~67쌍
날개	2쌍	없다	없다	없다
탈바꿈	한다	안 한다	한다	안 한다
종류	딱정벌레, 나비, 벌, 파리 등	거미, 전갈, 진드기, 응애 등	가재, 옆새우, 게, 공벌레 등	지네, 노래기, 그리마 등

곤충류와 거미류, 갑각류, 다지류는 생김새가 서로 비슷하지만 몸의 마디와 더듬이, 다리 수 등을 살펴보면 어떤 무리에 속하는지 구별할 수 있다.

거미류의 종류와 생활

거미류는 거미줄을 치고 사는 정주성 거미와 일정한 주거 없이 떠도는 배회성 거미로 구분된다. 정주성 거미는 거미줄로 사냥하고 배회성 거미는 빠른 동작으로 사냥감을 잡아먹는다. 진드기류와 응애류도 거미류에 속한다.

① 거미줄을 치는 정주성 거미

단층의 원형 거미줄을 치는 호랑거미

다층의 복잡한 거미줄을 치는 무당거미

② 사냥하는 배회성 거미

빠른 동작으로 사냥하는 별늑대거미

몸을 숨기고 사냥하는 대륙게거미

③ 몸집이 작은 진드기와 응애

동물의 피를 빠는 진드기

작물 해충인 응애

갑각류의 종류와 생활

갑각류는 민물과 갯벌, 땅 등 다양한 서식지에 산다. 산소가 풍부한 냇가에는 가재와 옆새우, 새뱅이 등이 살고, 갯벌에는 게와 갯강구 등이 산다. 땅에는 건드리면 공 모양이 되는 공벌레와 납작한 모양의 쥐며느리가 산다.

① 민물에 사는 갑각류

냇가의 돌 밑에 사는 가재

낙엽을 분해시키는 옆새우

② 갯벌에 사는 갑각류

갯벌에 구멍을 뚫는 방게

바닷가의 바퀴벌레인 갯강구

③ 땅에 사는 갑각류

몸을 공처럼 둥글게 마는 공벌레

몸을 공처럼 말지 못하는 쥐며느리

다지류의 종류와 생활

다지류는 다리가 많은 절지동물을 말한다. 지네류는 독이 있어서 위험하며 매우 빠르게 활동한다. 노래기류는 건드리면 몸을 동그랗게 돌돌 마는 것이 특징이다. 그리마류는 빠르게 기어 다니며 '돈벌레'라고 불린다.

① 지네류

빠르게 기어가는 왕지네

돌 밑에 사는 돌지네

몸이 길고 가는 면장땅지네

② 노래기류

몸을 돌돌 마는 고운까막노래기

다리가 많은 황주까막노래기

③ 그리마류

집 안의 해충을 잡아먹는 집그리마

찾아보기

㉠

가는무늬하루살이 *Ephemera separigata* ･････････････････････････････ 408
가는실잠자리 *Indolestes peregrinus* ･････････････････････････････････ 393
가슴골좁쌀바구미 *Cardipennis sulcithorax* ･･････････････････････････ 176
가슴털머리먼지벌레 *Harpalus eous* ･････････････････････････････････ 421
가시개미 *Polyrhachis lamellidens* ･･･････････････････････････ 118, 380
가시노린재 *Carbula putoni* ･････････････････････････････････････ 228, 336
가시모메뚜기 *Criotettix japonicus* ･･････････････････････････････････ 298
가시점둥글노린재 *Eysarcoris aeneus* ･･･････････････････････････････ 233
각시메뚜기 *Pantanga japonica* ･････････････････････････････････････ 290
각시불나방 *Eilema japonica* ･･･････････････････････････････････････ 438
각시뾰족들명나방 *Anania verbascalis* ･･････････････････････････････ 448
각시얼룩가지나방 *Abraxas niphonibia* ･････････････････････････････ 216
갈구리나비 *Anthocharis scolymus* ･･････････････････････････････････ 329
갈로이스등에 *Tabanus galloisi* ･･･････････････････････････････ 115, 467
갈색날개노린재 *Plautia stali* ･･････････････････････････ 110, 231, 464
갈색무늬긴노린재 *Paradieuches dissimilis* ････････････････････････ 245
갈색무늬납작밑빠진벌레 *Phenolia picta* ･･･････････････････････････ 425
갈색여치 *Paratlanticus ussuriensis* ･････････････････････････ 126, 300
갈색주둥이노린재 *Arma custos* ････････････････････････････････････ 234
갈색큰먹노린재 *Scotinophara horvathi* ････････････････････････････ 233
갈잎거품벌레 *Aphrophora maritima* ････････････････････････････････ 263
감나무잎말이나방 *Ptycholoma lecheana* ･･････････････････････ 210, 461
강변거저리 *Heterotarsus carinula* ･････････････････････････････････ 93
개미붙이 *Thanasimus lewisi* ･･･････････････････････････････････････ 188
개암거위벌레 *Apoderus coryli* ･････････････････････････････････････ 168
거꾸로여덟팔나비 *Araschnia burejana* ･･･････････････････････ 99, 326
거북밀깍지벌레 *Ceroplastes japonicus* ････････････････････････････ 377
거위벌레 *Apoderus jekeli* ･･･ 169
검은다리실베짱이 *Phaneroptera nigroantennata* ･･･････ 128, 303, 468

검은띠나무결재주나방 *Furcula furcula sangacia* ······················· 456
검은띠수염나방 *Hadennia incongruens* ······························· 433
검은물잠자리 *Calopteryx Atrata* ······································· 394
검정꼬리치레개미 *Crematogaster teranishii* ····················· 118, 380
검정꼽등이 *Paratachycines ussuriensis* ································ 125
검정꽃무지 *Glycyphana fulvistemma* ·································· 319
검정날개각다귀 *Eriocera lygropis* ······································ 282
검정날개잎벌 *Allantus luctifer* ·· 283
검정넓적꽃등에 *Betasyrphus serarius* ································· 275
검정넓적노린재 *Brachyrhynchus taiwanica* ·························· 245
검정녹색부전나비 *Favonius yuasai* ···································· 196
검정띠꽃파리 *Anthomyia illocata* ······································ 273
검정명주딱정벌레 *Calosoma maximowiczi* ····················· 79, 421
검정무늬침노린재 *Peirates turpis* ······································ 258
검정무릎삽사리 *Podismopsis genicularibus* ·························· 292
검정물방개 *Cybister brevis* ··· 384
검정배줄벼룩잎벌레 *Psylliodes punctifrons* ·························· 148
검정볼기쉬파리 *Helicophagella melanura* ····················· 113, 271
검정빗살방아벌레 *Melanotus cribricollis* ····························· 183
검정뺨금파리 *Chrysomyia megacephala* ····························· 269
검정수염기생파리 *Hermya beelzebul* ································· 271
검정오이잎벌레 *Aulacophora nigripennis* ···························· 146
검정칠납작먼지벌레 *Synuchus melantho* ······························ 83
검정큰날개파리 *Minettia longipennis* ································· 273
검정테광방아벌레 *Ludioschema vittiger* ······························ 184
검정파리매 *Trichomachimus scutellaris* ························ 115, 279
검정하늘소 *Spondylis buprestoides* ··································· 419
검털파리 *Bibio tenebrosus* ·· 114
게눈노린재 *Chauliops fallax* ·· 249
게아재비 *Ranatra chinensis* ··· 388
고구마잎벌레 *Colasposoma dauricum* ································ 140
고려나무쑤시기 *Helota fulviventris* ··································· 370
고려노랑풍뎅이 *Pseudosymmchia impressifrons* ··················· 417
고려홍반디 *Plateros purus* ·· 187
고마로브집게벌레 *Timomenus komarowi* ······················ 134, 313

고운고리장님노린재 *Philostephanus glaber* ·········· 253
고추잠자리 *Crocothemis servilia mariannae* ·········· 397
고추좀잠자리 *Sympetrum frequens* ·········· 395
곰개미 *Formica japonica* ·········· 117
곰보날개긴가슴잎벌레 *Lilioceris gibba* ·········· 139
곱추남생이잎벌레 *Cassida vespertina* ·········· 151
곱추무당벌레 *Epilachna quadricollis* ·········· 165
곱추재주나방 *Euhampsonia cristata* ·········· 457
관모긴몸방아벌레 *Athous jactatus jactatus* ·········· 183
광대거품벌레 *Lepyronia coleptrata* ·········· 264
광대노린재 *Poecilocoris lewisi* ·········· 246
광대소금쟁이 *Metrocoris histrio* ·········· 391
광대파리매 *Neoitamus angusticornis* ·········· 280
교차무늬주홍테불나방 *Barsine aberrans* ·········· 435
구름무늬가지나방 *Jankowskia athleta* ·········· 445
구름무늬들명나방 *Pycnarmon tylostegalis* ·········· 448
구름무늬밤나방 *Mocis annetta* ·········· 221
구리꼬마꽃벌 *Seladonia aeraria* ·········· 348
구리수중다리잎벌 *Abia formosa* ·········· 283
구슬무당거저리 *Ceropria induta* ·········· 93
구주개미벌 *Mutilla mikado* ·········· 117
국화과실파리 *Campiglossa hirayamae* ·········· 272
국화하늘소 *Phytoecia rufiventris* ·········· 152
굴뚝나비 *Minois dryas* ·········· 101, 195, 325
굴뚝날도래 *Semblis phalaenoides* ·········· 407
굴뚝알락나방 *Clelea fusca* ·········· 208
굵은띠비단명나방 *Arippara indicator* ·········· 451
굵은수염하늘소 *Pyrestes haematicus* ·········· 156
권연벌레 *Lasioderma serricorne* ·········· 371
귀매미 *Ledra auditura* ·········· 377, 465
귤빛부전나비 *japonica lutea* ·········· 196
그물무늬긴수염나방 *Nematopogon distincta* ·········· 206
극동가위벌 *Megachile remota* ·········· 348
극동등에잎벌 *Arge similis* ·········· 284
극동버들바구미 *Eucryptorrhynchus brandti* ·········· 369

극동쐐기나방	*Thosea sinensis*	459
극동좀반날개	*Philonthus wuesthoffi*	89, 425
금강산거저리	*Basanus tsushimensis*	368
금강산귀매미	*Neotituria kongosana*	261, 376
금록색잎벌레	*Basilepta fulvipes*	141
금빛노랑불나방	*Eilema sororcula*	219
금빛하루살이	*Potamanthus yooni*	408
금파리	*Lucilia caesar*	113, 268
기생나비	*Leptidea amurensis*	198
긴가위뿔노린재	*Acanthosoma labiduroides*	250
긴개미붙이	*Opilo mollis*	188
긴꼬리	*Oecanthus longicauda*	128, 308, 351
긴꼬리쌕쌔기	*Conocephalus gladiatus*	127, 306
긴꼬리제비나비	*Papilio macilentus*	205, 325
긴날개밑들이메뚜기	*Ognevia longipennis*	294
긴날개쐐기노린재	*Nabis stenoferus*	259
긴날개중베짱이	*Tettigonia dolichoptera*	301
긴다리범하늘소	*Rhaphuma gracilipes*	157
긴다색풍뎅이	*Heptophylla picea*	417
긴배벌	*Campsomeris grossa*	351
긴수염비행기밤나방	*Anuga multiplicans*	434
긴알락꽃하늘소	*Leptura annularis*	156, 316
긴은점표범나비	*Argynnis vorax*	327
긴조롱박먼지벌레	*Scarites terricola pacificus*	80
길앞잡이	*Cicindela chinensis*	78
길쭉바구미	*Lixus impressiventris*	172
길쭉표본벌레	*Ptinus japonicus*	371
깃동상투벌레	*Orthopagus lunulifer*	266
깃동잠자리	*Sympetrum infuscatum*	399
깜둥이창나방	*Thyris fenestrella*	209, 334
깜보라노린재	*Menida violacea*	228, 336
깨다시하늘소	*Mesosa myops*	359
깨알물방개	*Laccophilus difficilis*	385
껍적침노린재	*Velinus nodipes*	112, 258
꼬리명주나비	*Sericinus montela*	324

꼬마강도래 *Rhopalopsole mahunkai* ······················411
꼬마검정송장벌레 *Ptomascopus morio* ··················86
꼬마긴썩덩벌레 *Phloiotrya rugicollis* ·················371
꼬마길앞잡이 *Cicindela elisae* ····················78, 422
꼬마꽃등에 *Sphaerophoria menthastri* ·········275, 342
꼬마남생이무당벌레 *Propylea japonica* ···············163
꼬마넓적비단벌레 *Anthaxia rubromarginata* ········320
꼬마노랑띳날개나방 *Catocala duplicata* ······220, 428
꼬마동애등에 *Microchrysa flaviventris* ···············277
꼬마모메뚜기 *Tetrix minor* ·······················124, 298
꼬마방아벌레 *Drasterius agnatus* ·······················182
꼬마봉인밤나방 *Sphragifera biplagiata* ·············430
꼬마줍날개시갈레 *Stenolophus fulvicornis* ············85
꼬마줄물방개 *Hydaticus grammicus* ··········385, 424
꼬마홀쭉잎말이나방 *Neocalyptis angustilineata* ····210
꼽등이 *Diestrammena coreana* ··························125
꽃등에 *Episyrphus tenax* ····································339
꽃매미 *Lycorma delicatula* ·······················375, 466
꽃벼룩 *Mordella brachyura* ·······························321
꽃술재주나방 *Dudusa sphigiformis* ···················456
꽃하늘소 *Leptura aethiops* ·······················155, 316
파리허리노린재 *Acanthocoris sordidus* ···············240
끝검은말매미충 *Bothrogonia japonica* ·······260, 376
끝검정콩알락파리 *Rivellia nigroapicalis* ············272
끝마디통통집게벌레 *Gonolabis marginalis* ·········133
끝무늬녹색먼지벌레 *Macrochlaenites micans* ·······81
끝빨간긴날개멸구 *Zoraida horishana* ················265

Ⓛ

나방살이맵시벌 *Eutanyacra picta* ······················287
나방파리 *Tineria alternata* ································273
나비노린재 *Antheminia varicornis* ····················229
나비잠자리 *Rhyothemis fuliginosa* ·····················468
낙타등잎말이나방 *Homonopsis foederatana* ······211
날개띠좀잠자리 *Sympetrum pedemontanum elatum* ······396

날개물결가지나방 *Ectropis crepuscularia*	216, 445
날개뾰족명나방 *Endotricha minialis*	451
날개알락파리 *Prosthiochaeta bifasciata*	271
날베짱이 *Holochlora longifissa*	304
남방노랑나비 *Eurema mandarina*	200, 329
남방부전나비 *Zizeeria maha*	198
남방잎벌레 *Apophylia flavovirens*	145
남방차주머니나방 *Eumeta japonica*	207
남색주둥이노린재 *Zicrona caerulea*	110, 235
남색초원하늘소 *Agapanthia amurensis*	152
남생이무당벌레 *Aiolocaria hexaspilota*	162
남생이잎벌레 *Cassida nebulosa*	150
남쪽날개매미충 *Ricania taeniata*	263, 465
납작돌좀 *Haslundichilis viridis*	135
넉점각시하늘소 *Pidonia puziloi*	153
넉점박이송장벌레 *Nicrophorus quadripunctatus*	86
넓은남방뿔노린재 *Elasmostethus rotundus*	250
넓은띠녹색부전나비 *Favonius cognatus*	103
넓은띠담흑수염나방 *Hydrillodes morosa*	432
넓은흥띠애기자나방 *Timandra apicirosea*	215
넓적꽃무지 *Nipponovalgus angusticollis*	181, 319
넓적배허리노린재 *Homoeocerus dilatatus*	239
넓적사슴벌레 *Dorcus titanus castanicolor*	360, 416
네눈박이밑빠진벌레 *Glischrochilus japonicus*	371
네눈박이송장벌레 *Dendroxena sexcarinata*	87
네눈은빛애기자나방 *Problepsis diazoma*	213, 442
네무늬가지나방 *Heterostegane hyriaria*	445
네무늬밑빠진벌레 *Glischrochilus ipsoides*	191
네발나비 *Polygonia c-aureum*	97, 193
네점가슴무당벌레 *Calvia muiri*	164
네점박이노린재 *Homalogonia obtusa*	109, 232
네줄박이장삼벌레 *Reptalus quadricinctus*	266
네줄애기잎말이나방 *Grapholita delineana*	210
노란실잠자리 *Ceriagrion melanurum*	392
노란줄긴수염나방 *Nemophora aurifera*	206

노란허리잠자리 *Pseudothemis zonata* ··· 400
노랑가슴녹색잎벌레 *Agelasa nigriceps* ·· 146
노랑꼬리뾰족명나방 *Endotricha flavofascialis* ······························ 451
노랑나비 *Colias erate* ·· 200, 329
노랑날개쐐기노린재 *Prostemma kiborti* ··· 112
노랑눈비단명나방 *Orybina regalis* ·· 450
노랑띠알락가지나방 *Biston panterinaria* ································ 216, 443
노랑무늬먼지벌레 *Chlaenius posticalis* ··· 81
노랑무늬비단벌레 *Ptosima chinensis* ·· 370
노랑무늬수염나방 *Paracolax contigua* ·· 433
노랑무늬의병벌레 *Malachius prolongatus* ·· 188
노랑무당벌레 *Illeis koebelei* ··· 164
노랑배서위벌레 *Cycnotrachelodes cyanopterus* ······························ 169
노랑배불나방 *Eilema deplana* ·· 438
노랑배허리노린재 *Plinachtus bicoloripes* ································ 108, 240
노랑뿔잠자리 *Libelloides sibiricus* ··· 310
노랑쐐기나방 *Monema flavescens* ·· 459
노랑애기나방 *Amata germana* ·· 221, 334
노랑점나나니 *Sceliphron deforine* ·· 120
노랑줄어리병대벌레 *Lycocerus nigrimembris* ······························ 186
노랑줄중점하늘소 *Epiglenea comes* ··· 152
노랑초파리 *Drosophila melanogaster* ·· 273
노랑털검정반날개 *Ocypus weisei* ··· 88
노랑털기생파리 *Tachina luteola* ·· 270, 344
노랑테가시잎벌레 *Dactylispa angulosa* ··· 149
노랑테불나방 *Eilema griseola* ·· 219
녹색강도래 *Sweltsa nikkoensis* ·· 411
녹색박각시 *Callambulyx tatarinovii* ·· 452
녹색콩풍뎅이 *Popillia quadriguttata* ·· 178
녹색하늘소붙이 *Chrysanthia geniculata integricollis* ··············· 190, 320
녹슬은반날개 *Ontholestes gracilis* ··· 88
녹슬은방아벌레 *Agrypnus binodulus coreanus* ·············· 96, 182, 423
누에나방 *Bombyx mori* ·· 222
눈루리꽃등에 *Eristalinus tarsalis* ·· 274, 340
느릅나무혹거위벌레 *Phymatapoderus flavimanus* ······················ 170

느티나무노린재 *Homalogonia grisea* ·· 234
늦반딧불이 *Pyrocoelia rufa* ··· 426
늦털매미 *Suisha coreana* ··· 374, 466

ㄷ

다리무늬두흰점노린재 *Dalpada cinctipes* ·· 232
다리무늬침노린재 *Sphedanolestes impressicollis* ································ 112, 257
닥나무박각시 *Parum colligata* ··· 452
단색둥글잎벌레 *Argopus unicolor* ·· 147
단색자루맵시벌 *Netelia unicolor* ··· 286
단풍뿔거위벌레 *Byctiscus venustus* ·· 171
달무리무당벌레 *Anatis halonis* ·· 95, 164
달주홍하늘소 *Purpuricenus sideriger* ·· 154
닮은애긴노린재 *Nysius hidakai* ·· 337
닮은줄과실파리 *Acanthonevra trigona* ··· 272
담색긴꼬리부전나비 *Antigius butleri* ··· 198
대륙뱀자리 *Parachauliodes continentalis* ·· 406, 469
대만흰나비 *Pieris canidia* ·· 105, 330
대모벌 *Cyphononyx dorsalis* ··· 284, 350
대모잠자리 *Libellula angelina* ··· 402
대벌레 *Baculum irregulariterdentatus* ·· 381
대성산실노린재 *Metatropis tesongsanicus* ·· 336
대왕나비 *Sephisa princeps* ·· 102
대유동방아벌레 *Agrypnus argillaceus* ·· 182, 423
더듬이긴노린재 *Pachygrontha antennata* ·· 243
덩굴꽃등에 *Eristalis arbustorum* ·· 339
도롱이깍지벌레 *Orthezia urticae* ··· 377
도토리거위벌레 *Cyllorhynchites ursulus quercuphillus* ················· 171, 423
도토리노린재 *Eurygaster testudinaria* ·· 108, 247
도토리밤바구미 *Curculio dentipes* ··· 173
동애등에 *Ptecticus tenebrifer* ··· 277
동양하루살이 *Ephemera orientalis* ·· 409
동쪽알노린재 *Coptosoma semiflavum* ·· 249
동해긴날개멸구 *Losbanosia hirarensis* ·· 265, 465
동해참머리파리 *Pipunculus subvaripes* ··· 276

돼지풀잎벌레 Ophraella communa ··· 146
된장잠자리 Pantala flavescens ··· 400
뒷박털기생파리 Tachina trigonophora ·· 270
두꺼비메뚜기 Trilophidia annulata ····································· 122, 292
두쌍무늬노린재 Urochela quadrinotata ······································· 247
두점박이사슴벌레 Prosopocoilus astacoides blanchardi ············· 363
두점박이좀잠자리 Sympetrum eroticum ····································· 398
두점배허리노린재 Homoeocerus unipunctatus ·························· 240
두점애기비단나방 Scythris sinensis ·································· 208, 334
둘레빨간긴노린재 Arocatus sericans ·· 243
둥근머리각시매미충 Drabescus conspicuus ······························· 261
둥글노린재 Eysarcoris gibbosus ·· 233
뒤흰띠알락나방 Chalcosia remota ·· 463
뒷검은푸른쐐기나방 Latoia sinica ·· 458
뒷노랑수염나방 Hypena amica ··· 432
뒷노랑점가지나방 Arichanna melanaria ···································· 216
뒷창참나무노린재 Urostylis lateralis ·· 247
등검은메뚜기 Shirakiacris shirakii ······································ 122, 291
등검은실잠자리 Paracercion calamorum ··································· 393
등노랑풍뎅이 Callistethus plagiicollis ··································· 91, 180
등빨간길고리벌 Poecilogonalos fasciata ···································· 287
등빨간거위벌레 Tomapoderus ruficollis ····································· 168
등빨간긴가슴잎벌레 Lilioceris scapularis ·································· 139
등빨간남색잎벌레 Lema scutellaris ·· 138
등빨간먼지벌레 Dolichus halensis halensis ································· 83
등빨간뿔노린재 Acanthosoma denticaudum ····························· 250
등빨간소금쟁이 Gerris gracilicornis ··· 390
등심무늬들명나방 Nomophila noctuella ···································· 213
등얼룩풍뎅이 Blitopertha orientalis ····································· 177, 418
등점목가는병대벌레 Hatchiana glochidiata ······························· 186
등줄먼지벌레 Agonum daimio ··· 84
등줄박각시 Marumba sperchius ··· 455
딱따기 Gonista bicolor ·· 294
딸기벼룩잎벌레 Altica fragariae ··· 148
딸기잎벌레 Galerucella grisescens ··· 147

땅강아지 *Gryllotalpa orientalis* ··· 130
땅노린재 *Macroscytus japonensis* ·· 106
땅딸보가시털바구미 *Pseudocneorhinus bifasciatus* ······················ 175
떼허리노린재 *Hygia lativentris* ··· 108, 239
똥파리 *Scathophaga stercoraria* ·· 269
똥풍뎅이 *Aphodius rectus* ··· 91
똥보기생파리 *Gymnosoma rotundatum* ·····························270, 344
띠딴뿔매미 *Gargara katoi* ··· 267

ㄹ

루리알락꽃벌 *Thyreus decorus* ·· 347
루이스큰남생이잎벌레 *Thlaspida lewisii* ······································ 151

ㅁ

만주귀매미 *Petalocephala manchurica* ······································· 262
말굽무늬들명나방 *Eurrhyparodes contortalis* ······························ 448
말매미 *Cryptotympana atrata* ··· 372
말매미충 *Cicadella viridis* ··· 260
말벌 *Vespa crabro flavofasciata* ······································ 379, 467
매미나방 *Lymantria dispar* ·· 440
매부리 *Ruspolia lineosa* ·· 305
머루박각시 *Ampelophaga rubiginosa* ··· 453
먹귀뚜라미 *Gryllus sibiricus* ·· 129
먹노린재 *Scotinophara lurida* ·· 233
먹무늬재주나방 *Phalera flavescens* ·· 457
먹바퀴 *Periplaneta fuliginosa* ·· 133
먹부전나비 *Tongeia fischeri* ·· 104
먹세줄흰가지나방 *Myrteta angelica* ·· 217
먹종다리 *Trigonidium japonicum* ·· 308
멋쟁이딱정벌레 *Carabus jankowskii* ·· 79
메추리노린재 *Aelia fieberi* ··· 231
메추리장구애비 *Nepa hoffmanni* ··· 388
멧누에나방 *Bombyx mandarina* ·· 463
멧팔랑나비 *Erynnis montana* ···105, 202, 332
멸강나방 *Mythimna separata* ··· 335

명주잠자리 *Baliga micans*	308, 469
모가슴소똥풍뎅이 *Onthophagus fodiens*	90
모대가리귀뚜라미 *Loxoblemmus doenitzi*	129
모련채수염진딧물 *Uroleucon picridis*	267
모메뚜기 *Tetrix japonica*	124, 297
모시금자라남생이잎벌레 *Aspidomorpha transparipennis*	150
모시나비 *Parnassius stubbendorfii*	104, 203, 324
목대장 *Cephaloon pallens*	319
목도리불나방 *Macrobrochis staudingeri*	434
목도리장님노린재 *Adelphocoris fasciaticollis*	252
목화명나방 *Haritalodes derogata*	447
목횐바둑명나방 *Palpita indica*	449
몸노랑들명나방 *Pleuroptya chlorophanta*	448
무궁화밤나방 *Thyas juno*	429
무녀길앞잡이 *Cephalota chiloleuca*	78
무늬강도래 *Kiotina decorata*	413
무늬소주홍하늘소 *Amarysius altajensis coreanus*	155
무늬점물땡땡이 *Laccobius oscillans*	386, 424
무늬하루살이 *Ephemera strigata*	409
무당벌레 *Harmonia axyridis*	158, 159, 160, 425
무당벌레붙이 *Ancylopus pictus asiaticus*	95, 189, 425
무당알노린재 *Megacopta punctatissima*	249
무시바노린재 *Menida musiva*	110, 229
묵은실잠자리 *Sympecma paedisca*	393
물결넓적꽃등에 *Metasyrphus nitens*	114, 275, 342
물결매미나방 *Lymantria lucescens*	440
물결박각시 *Dolbina tancrei*	452
물맴이 *Gyrinus japonicus*	386
물방개 *Cybister chinensis*	384
물빛긴꼬리부전나비 *Antigius attilia*	198
물자라 *Muljarus japonicus*	387
물잠자리 *Calopteryx japonica*	394
물장군 *Lethocerus deyrolli*	387
물진드기 *Peltodytes intermedius*	386
뭉뚝바구미 *Ptochidius tessellatus*	175

미니날개큰쐐기노린재 *Himacerus apterus*	259
미디표주박긴노린재 *Togo hemipterus*	244
미륵무늬먼지벌레 *Chlaenius variicornis*	81, 421
민날개침노린재 *Coranus dilatatus*	259
민무늬콩알락파리 *Rivellia apicalis*	272
민장님노린재 *Loristes decoratus*	254
민호리병벌 *Eumenes architectus*	284, 349
밀감무늬검정장님노린재 *Deraeocoris ater*	256
밀잠자리 *Orthetrum albistylum speciosum*	401
밑검은하늘소붙이 *Eobia chinensis kotoensis*	320
밑들이 *Panorpa cornigera*	131, 406
밑들이메뚜기 *Anapodisma miramae*	123, 293

ㅂ

바늘꽃벼룩잎벌레 *Altica oleracea*	148
바수염날도래 *Psilotreta kisoensis*	408
바퀴 *Blattella germanica*	131
박하잎벌레 *Chrysolina exanthematica*	143
발톱메뚜기 *Epacromius pulverulentus*	123
밤갈색꽃벼룩 *Falsomordellistena auromaculata*	321
밤나무잎벌레 *Physosmaragdina nigrifrons*	139
밤나무혹벌 *Dryocosmus kuriphilus*	287
밤색갈고리나방 *Drepana curvatula koreula*	446
방물벌레 *Sigara substriata*	391
방아깨비 *Acrida cinerea*	123, 294, 295
방울동애등에 *Craspedometopon frontale*	277
방울실잠자리 *Platycnemis phyllopoda*	393
배나무방패벌레 *Stephanitis nashi*	249
배노랑긴가슴잎벌레 *Lema concinnipennis*	138
배노랑물결자나방 *Callabraxas compositata*	214, 442
배동글노린재 *Eysarcoris ventralis*	233
배무늬콩알락파리 *Rivellia cestoventris*	272
배벌 *Campsomeris schulthessi*	351
배세줄꽃등에 *Temnostoma bombylans*	274, 341
배얼룩재주나방 *Phalera grotei*	456

배자바구미	*Sternuchopsis trifidus*	174
배짧은꽃등에	*Eristalis cerealis*	274, 338
배추흰나비	*Pieris rapae*	199, 330
배치레잠자리	*Lyriothemis pachygastra*	403
배홍무늬침노린재	*Rhynocoris leucospilus*	257
뱀허물쌍살벌	*Parapolybia varia*	116, 285, 467
버드나무좀비단벌레	*Trachys minuta*	185
버들깨알바구미	*Acalyptus carpini*	321
버들꼬마잎벌레	*Plagiodera versicolora*	141
버들잎벌레	*Chrysomela vigintipunctata*	142
버들하늘소	*Aegosoma sinicum*	355, 410
별쇠리박각시	*Macroglossum pyrrhostictum*	333
벌붙이파리	*Conops curtulus*	276
벌호랑하늘소	*Cyrtoclytus capra*	157, 357
범부전나비	*Rapala caerulea*	104, 330
벚나무박각시	*Phyllosphingia dissimilis*	453
벚나무사향하늘소	*Aromia bungii*	356
베짱이	*Hexacentrus japonicus*	301
벼금무늬밤나방	*Plusia festucae*	431
벼룩잎벌레	*Phyllotreta striolata*	148
변색장님노린재	*Adelphocoris suturalis*	252
별넓적꽃등에	*Metasyrphus corollae*	275
별노린재	*Pyrrhocoris sinuaticollis*	107
별대모벌	*Anoplius eous*	119
별박이세줄나비	*Neptis pryeri*	101
별박이자나방	*Naxa seriaria*	213, 443
별쌍살벌	*Polistes snelleni*	350
별줄풍뎅이	*Mimela testaceipes*	179, 418
별홍반디	*Erotides nasutus*	187
볕강변먼지벌레	*Bembidion scopulinum*	84
보날개풀잠자리	*Lysmus harmandinus*	310
보라거저리	*Derosphaerus subviolaceus*	94, 367
보라금풍뎅이	*Phelotrupes auratus*	91
보리장님노린재	*Stenodema rubrinervis*	255
복숭아거위벌레	*Rhynchites heros*	171

복숭아명나방 *Conogethes punctiferalis* ······ 447
복숭아유리나방 *Synanthedon bicingulata* ······ 207
봄처녀하루살이 *Cinygmula grandifolia* ······ 411
부전나비 *Plebejus argyrognomon* ······ 331
부채날개매미충 *Euricania facialis* ······ 262
부처나비 *Mycalesis gotama* ······ 195
부처사촌나비 *Mycalesis francisca* ······ 101, 195
북방거위벌레 *Apoderus erythropterus* ······ 170
북방길쭉소바구미 *Ozotomerus japonicus laferi* ······ 368
북방머리먼지벌레 *Harpalus vicarinus* ······ 85
북방수염하늘소 *Monochamus saltuarius* ······ 359
북방풀노린재 *Palomena angulosa* ······ 227
북쪽비단노린재 *Eurydema gebleri* ······ 230
북해도기생파리 *Drinomyia hokkaidensis* ······ 271
분홍거위벌레 *Apoderus rubidus* ······ 169
분홍등줄박각시 *Marumba gaschkewitschii* ······ 452
분홍무늬들명나방 *Ostrinia palustralis* ······ 212
불회색가지나방 *Biston regalis* ······ 443
붉은가슴방아벌레붙이 *Anadastus atriceps* ······ 189
붉은금무늬밤나방 *Chrysodeixis eriosoma* ······ 431
붉은꼬마꼭지나방 *Oedematopoda ignipicta* ······ 206
붉은날개애기자나방 *Timandra recompta* ······ 215
붉은다리푸른자나방 *Culpinia diffusa* ······ 214
붉은뒷날개나방 *Catocala dula* ······ 428
붉은등침노린재 *Haematoloecha rufithorax* ······ 111, 257
붉은띠짤름나방 *Gonepatica opalina* ······ 434
붉은매미나방 *Lymantria mathura* ······ 440
붉은무늬갈색밤나방 *Siglophora sanguinolenta* ······ 432
붉은산꽃하늘소 *Stictoleptura rubra* ······ 156, 316
붉은잡초노린재 *Rhopalus maculatus* ······ 245, 337
붉은줄푸른자나방 *Neohipparchus vallata* ······ 441
비단벌레 *Chrysochroa coreana* ······ 370
빌로오도재니등에 *Bombylius major* ······ 115, 343
빨간긴쐐기노린재 *Gorpis brevilineatus* ······ 112, 259
빨간색우단풍뎅이 *Maladera verticalis* ······ 92

511

빨간집모기 *Culex pipiens pallens* ································· 281
빨간촉각장님노린재 *Trigonotylus coelestialium* ··············· 255
뽕나무이 *Anomoneura mori* ····································· 266
뿔나비 *Libythea lepita* ······································ 98, 194
뿔나비나방 *Pterodecta felderi* ·································· 334
뿔들파리 *Sepedon aenescens* ·························· 114, 273, 467
뿔매미 *Butragulus flavipes* ····································· 267
뿔무늬큰가지나방 *Phthonosema tendinosaria* ············ 217, 444
뿔소똥구리 *Copris ochus* ··· 90
뿔잠자리 *Ascalohybris subjacens* ······························ 469

ㅅ

사각노랑테가시잎벌레 *Dactylispa subquadrata* ·············· 149
사각곰보바구미 *Pimelocerus exsculptus* ······················ 369
사과알락나방 *Illiberis pruni* ···································· 208
사과잎말이나방 *Choristoneura longicellana* ············ 211, 460
사마귀 *Tenodera angustipennis* ································ 312
사사키잎혹진딧물 *Tuberocephalus sasakii* ···················· 267
사슴풍뎅이 *Dicronocephalus adamsi* ·························· 366
사시나무잎벌레 *Chrysomela populi* ··························· 143
산각시하늘소 *Pidonia amurensis* ······························· 317
산넓적노린재 *Usingerida verrucigera* ························· 245
산녹색부전나비 *Favonius taxila* ·························· 103, 196
산맴돌이거저리 *Plesiophthalmus davidis* ················ 94, 367
산바퀴 *Blattella nipponica* ································ 131, 313
산알락좀과실파리 *Paroxyna sada* ····························· 272
산저녁나방 *Belciana staudingeri* ······························· 432
산제비나비 *Papilio maackii* ····································· 205
산줄점팔랑나비 *Pelopidas jansonis* ···························· 332
살짝수염홍반디 *Macrolycus flabellatus* ······················· 187
삼하늘소 *Thyestilla gebleri* ····································· 152
삽사리 *Mongolotettix japonicus* ································ 292
삿포로잡초노린재 *Rhopalus sapporensis* ················ 245, 337
상수리창나방 *Rhodoneura vittula* ······························ 209
상아잎벌레 *Gallerucida bifasciata* ····························· 145

상투벌레 *Raivuna patruelis* ·········· 266
새극동쐐기나방 *Neothosea suigensis* ·········· 458
새꼭지무늬장님노린재 *Deraeocoris ulmi* ·········· 255
새똥하늘소 *Pogonocherus seminiveus* ·········· 357
새무늬고리장님노린재 *Apolygus pulchellus* ·········· 253
서울병대벌레 *Cantharis soeulensis* ·········· 186
석점박이방아벌레붙이 *Tetraphala collaris* ·········· 189
설상무늬장님노린재 *Adelphocoris triannulatus* ·········· 252
설악거품벌레 *Aphilaenus nigripectus* ·········· 264
섬서구메뚜기 *Atractomorpha lata* ·········· 124, 296
세점박이잎벌레 *Paridea angulicollis* ·········· 146
세줄나비 *Neptis philyra* ·········· 100
세줄날개가지나방 *Hypomecis roboraria* ·········· 445
세줄무늬수염나방 *Herminia arenosa* ·········· 221
소금쟁이 *Aquarius paludum* ·········· 391, 464
소나무하늘소 *Rhagium inquisitor rugipenne* ·········· 357
소등에 *Tabanus trigonus* ·········· 278
소바구미 *Exechesops leucopis* ·········· 176, 368
소뿔가지나방 *Ennomos autumnaria* ·········· 444
소요산잎벌레 *Cryptocephalus hyacinthinus* ·········· 139
솔거품벌레 *Aphrophora flavipes* ·········· 264
송장헤엄치게 *Notonecta triguttata* ·········· 389
쇠측범잠자리 *Davidius lunatus* ·········· 404
쇳빛부전나비 *Callophrys ferrea* ·········· 104
수염줄벌 *Eucera spurcatipes* ·········· 345
수염치레애메뚜기 *Chorthippus schmidti* ·········· 292
수중다리꽃등에 *Helophilus virgatus* ·········· 274, 338
수중다리송장벌레 *Necrodes nigricornis* ·········· 86, 422
스즈키나나니등에 *Systropus suzukii* ·········· 342
스코트노린재 *Menida scotti* ·········· 229
시가도귤빛부전나비 *Japonica saepestriata* ·········· 196
시골가시허리노린재 *Cletus punctiger* ·········· 237
시베르스하늘소붙이 *Oedemera lucidicollis flaviventris* ·········· 190, 320
시베리아좀뱀잠자리 *Sialis sibirica* ·········· 406
식크맨나나니 *Ammophila sickmanni* ·········· 120

513

신부날개매미충 *Euricania clara* ··· 262, 465
실노린재 *Yemma exilis* ··· 251
실베짱이 *Phaneroptera falcata* ·· 303
십구점무당벌레 *Anisosticta kobensis* ·· 164
십이점박이잎벌레 *Paropsides soriculata* ·· 144
십일점박이무당벌레 *Coccinella ainu* ·· 164
십자무늬긴노린재 *Tropidothorax cruciger* ··· 242, 337
쌍무늬먼지벌레 *Macrochlaenites naeviger* ·· 82
쌍무늬알뾰족반날개 *Sepedophilus bipustulatus* ·· 89
쌍무늬혹가슴잎벌레 *Zeugophora bicolor* ··· 147
쌍복판눈수염나방 *Edessena hamada* ·· 433
쌍점둥근버섯벌레 *Pseudotritoma consobrina* ·· 368
쌍줄푸른밤나방 *Pseudoips prasinanus* ·· 431
쌕쌔기 *Conocephalus chinensis* ·· 307
썩덩나무노린재 *Halyomorpha halys* ························· 109, 225, 335, 464
쑥잎벌레 *Chrysolina aurichalcea* ·· 143
쑥혹파리 *Rhopalomyia yomogicola* ·· 282

ㅇ

아메리카동애등에 *Hermetia illucens* ·· 277
아시아갈고리박각시 *Ambulyx sericeipennis tobii* ·· 454
아시아실잠자리 *Ischnura asiatica* ·· 392
아이누길앞잡이 *Cicindela gemmata* ·· 78
알꽃벼룩 *Scirtes japonicus* ··· 191
알노린재 *Coptosoma bifarium* ·· 249
알락굴벌레나방 *Zeuzera multistrigata* ··· 461
알락귀뚜라미 *Loxoblemmus campestris* ··· 129
알락곱등이 *Diestrammena asynamora* ··· 125
알락넓적매미충 *Penthimia scutellata* ·· 261
알락무늬장님노린재 *Deraeocoris sanghonami* ·· 256
알락방울벌레 *Dianemobius nigrofasciatus* ··· 307
알락수염노린재 *Dolycoris baccarum* ·· 224, 335
알락풍뎅이 *Anthracophora rusticola* ·· 93
알락하늘소 *Anoplophora chinensis* ·· 358
알락허리꽃등에 *Xylota frontalis* ·· 340

알락흰가지나방	*Percnia albinigrata*	444
알물방개	*Hyphydrus japonicus*	385
알통다리꽃등에	*Syritta pipiens*	340
알통다리꽃하늘소	*Oedecnema gebleri*	317
암끝검은표범나비	*Argyreus hyperbius*	192, 328
암먹부전나비	*Cupido argiades*	197, 331
앞노랑애기자나방	*Scopula nigropunctata*	214
앞다리톱거위벌레	*Cyrtolabus mutus*	170
앞붉은명나방	*Oncocera semirubella*	451
앞흰넓적매미충	*Handianus limbifer*	260
애곱추무당벌레	*Cynegetis impunctata*	166
애기노린재	*Rubiconia intermedia*	229
애기담홍뾰족날개나방	*Habrosyne aurorina*	463
애기물방개	*Rhantus suturalis*	384, 424
애기뿔소똥구리	*Copris tripartitus*	90
애기세줄나비	*Neptis sappho*	100, 194
애기얼룩나방	*Mimeusemia persimilis*	221
애기유리나방	*Synanthedon tenuis*	207
애기좀잠자리	*Sympetrum parvulum*	398
애긴노린재	*Nysius plebejus*	244
애남생이잎벌레	*Cassida piperata*	150
애매미	*Meimuna opalifera*	373, 466
애모무늬잎말이나방	*Adoxophyes tripsiana*	460
애물땡땡이	*Sternolophus rufipes*	386, 424
애반딧불이	*Luciola lateralis*	426
애사마귀붙이	*Mantispa japonica*	130, 310
애사슴벌레	*Dorcus rectus*	362, 417
애소금쟁이	*Gerris latiabdominis*	390
애알락수시렁이	*Anthrenus verbasci*	321
애여치	*Eobiana engelhardti engelhardti*	126
애우단풍뎅이	*Maladera orientalis*	92
애청삼나무하늘소	*Callidiellum rufipenne*	354
애허리노린재	*Hygia opaca*	240
애호랑나비	*Luehdorfia puziloi*	203, 324
애홍점박이무당벌레	*Chilocorus kuwanae*	95, 166

약대벌레 *Inocellia japonica*	130
양봉꿀벌 *Apis mellifera*	117, 284, 345
어깨넓은거위벌레 *Paroplapoderus angulipennis*	170
어깨무늬풍뎅이 *Blitopertha conspurcata*	179
어리곤봉자루맵시벌 *Habronyx elegans*	286
어리노랑테무늬먼지벌레 *Chlaenius circumductus*	82
어리대모꽃등에 *Volucella pellucens tabanoides*	114
어리민반날개긴노린재 *Dimorphopterus pallipes*	244
어리발톱잎벌레 *Monolepta shirozui*	147
어리별쌍살벌 *Polistes nipponensis*	285
어리상수리혹벌 *Trichagalma serratae*	287
어리호박벌 *Xylocopa appendiculata circumvolans*	346
어리흰무늬긴노린재 *Panaorus csikii*	107, 243
어리흰줄애꽃벌 *Lasioglossum mutilum*	348
억새노린재 *Gonopsis affinis*	236
얼룩대장노린재 *Placosternum esakii*	109, 232, 464
얼룩무늬가시털바구미 *Pseudocneorhinus adamsi*	175
얼룩무늬좀비단벌레 *Trachys variolaris*	185
얼룩어린밤나방 *Callopistria repleta*	430
얼룩장다리파리 *Mesorhaga nebulosus*	278
얼룩점밑들이파리매 *Solva maculata*	280
엉겅퀴수염진딧물 *Aulacorthum cirsicola*	267
엉겅퀴창주둥이바구미 *Piezotrachelus japonicus*	176
엉겅퀴통바구미 *Merus flavosignatus*	172, 368
에사키뿔노린재 *Sastragala esakii*	108, 250
엘무늬독나방 *Arctornis l-nigrum*	439
여덟무늬알락나방 *Balataea octomaculata*	208
여름좀잠자리 *Sympetrum darwinianum*	398
여치 *Gampsocleis sedakovii obscura*	299
연노랑목가는병대벌레 *Podabrus fragiliformis*	187
연노랑풍뎅이 *Blitopertha pallidipennis*	177
연두금파리 *Lucilia illustris*	113, 268
연보라들명나방 *Agrotera nemoralis*	212, 447
열두점박이꽃하늘소 *Leptura duodecimguttata*	317
열석점긴다리무당벌레 *Hippodamia tredecimpunctata*	165

열점박이별잎벌레 *Oides decempunctatus* ········· 144
열점박이잎벌레 *Lema decempunctata* ········· 139
엷은먼지벌레 *Demetrias longicollis* ········· 84
오리나무잎벌레 *Agelastica coerulea* ········· 145
옥색긴꼬리산누에나방 *Actias gnoma mandsahurica* ········· 462
옻나무바구미 *Ectatorhinus adamsi* ········· 369
왕갈고리나방 *Cyclidia substigmaria nigralbata* ········· 218
왕거위벌레 *Paracycnotrachelus chinensis* ········· 167
왕귀뚜라미 *Teleogryllus emma* ········· 128, 307, 468
왕꽃등에 *Phytomia zonata* ········· 339
왕무늬대모벌 *Anoplius samariensis* ········· 119
왕바구미 *Sipalinus gigas* ········· 369
왕바다리 *Polistes rothneyi koreanus* ········· 116, 379
왕벌붙이파리 *Physocephala obscura* ········· 276
왕벼룩잎벌레 *Ophrida spectabilis* ········· 148
왕빗살방아벌레 *Pectocera fortunei* ········· 184, 423
왕사마귀 *Tenodera sinensis* ········· 132, 311
왕사슴벌레 *Dorcus hopei binodulosus* ········· 361, 416
왕소똥구리 *Scarabaeus typhon* ········· 90
왕쌍무늬먼지벌레 *Macrochlaenites pictus* ········· 81
왕오색나비 *Sasakia charonda* ········· 102
왕자팔랑나비 *Daimio tethys* ········· 105, 200
왕잠자리 *Anax parthenope julius* ········· 405
왕주둥이노린재 *Dinorhynchus dybowskyi* ········· 111, 235
왕주둥이바구미 *Phyllolytus variabilis* ········· 175
왕침노린재 *Isyndus obscurus* ········· 111, 258
왕파리매 *Cophinopoda chinensis* ········· 279
왕풍뎅이 *Melolontha incana* ········· 417
왜가시뭉툭맵시벌 *Banchus japonicus* ········· 120, 286
왜무잎벌 *Athalia japonica* ········· 283
외뿔매미 *Machaerotypus sibiricus* ········· 267
외뿔장수풍뎅이 *Eophileurus chinensis* ········· 365
우단박각시 *Rhagastis mongoliana* ········· 453
우리가시허리노린재 *Cletus schmidti* ········· 237
우리갈색주둥이노린재 *Arma koreana* ········· 111, 234

우리귀매미　*Petalocephala engelhardti* ··· 261
우리목하늘소　*Lamiomimus gottschei* ····································· 154, 358
우리벼메뚜기　*Oxya chinensis sinuosa* ·································· 123, 288
우리큰우묵날도래　*Hydatophylax formosus* ··· 407
우묵거저리　*Uloma latimanus* ·· 95, 366
우수리가지나방　*Meteima mediorufa* ··· 215
우수리둥글먼지벌레　*Amara ussuriensis* ··· 82
운문산반딧불이　*Luciola papariensis* ··· 426
원산밑들이메뚜기　*Ognevia sergii* ··· 293
원통하늘소　*Pseudocalamobius japonicus* ··· 153
유럽무당벌레　*Calvia quatuordecimguttata* ··· 104
유리주머니나방　*Acanthopsyche nigraplaga* ··· 207
유시매미　*Graptopsaltria nigrofuscata* ··· 373
육점박이범하늘소　*Chlorophorus simillimus* ··································· 157, 317
윤납작먼지벌레　*Synuchus nitidus* ··· 83
은무늬재주나방　*Spatalia doerriesi* ··· 457
은줄표범나비　*Argynnis paphia* ····································· 193, 327
은판나비　*Mimathyma schrenckii* ··· 103
이화명나방　*Chilo suppressalis* ··· 447
일본날개매미충　*Orosanga japonica* ··· 263
일본애수염줄벌　*Eucera nipponensis* ··· 345
일본왕개미　*Camponotus japonicus* ··· 118
일본잎벌레　*Galerucella nipponensis* ··· 146
일본해변먼지벌레　*Pogonus japonicus* ··· 84

ㅈ

자루측범잠자리　*Burmagomphus collaris* ··· 405
작은검은꼬리박각시　*Macroglossum bombylans* ··· 333
작은넓적하늘소　*Asemum striatum* ··· 354
작은멋쟁이나비　*Vanessa cardui* ··· 326
작은모래거저리　*Opatrum subaratum* ··· 95
작은주걱참나무노린재　*Urostylis annulicornis* ··································· 107, 248
작은주홍부전나비　*Lycaena phlaeas* ························· 104, 197, 331
작은청동하늘소　*Gaurotes virginea kozhevnikovi* ··· 153
작은호랑하늘소　*Perissus fairmairei* ··· 157

잔날개여치 *Chizuella bonneti*	127, 301
장구애비 *Laccotrephes japonensis*	389
장다리파리 *Dolichopus nitidus*	278
장미가위벌 *Megachile nipponica*	348
장미등에잎벌 *Arge pagana*	284
장삼모메뚜기 *Euparatettix insularis*	298
장수각다귀 *Pedicia daimio*	282
장수깔따구 *Chironomus plumosus*	280
장수꼽등이 *Diestrammena unicolor*	125
장수땅노린재 *Adrisa magna*	106
장수말벌 *Vespa mandarinia*	378
장수말벌집대모꽃등에 *Volucella suzukii*	341
장수잠자리 *Anotogaster sieboldii*	405
장수풍뎅이 *Allomyrina dichotoma*	364, 419
장수하늘소 *Callipogon relictus*	355
장수허리노린재 *Anoplocnemis dallasi*	236
재래꿀벌 *Apis cerana*	345
자바꽃등에 *Allograpta javana*	341
적갈색긴가슴잎벌레 *Lema diversa*	138
점갈고리박각시 *Ambulyx ochracea*	454
점날개잎벌레 *Nonarthra cyanea*	147, 320
점무늬불나방 *Spilosoma punctaria*	437
점박이길쭉바구미 *Lixus maculatus*	172
점박이꽃검정파리 *Stomorhina obsoleta*	269, 343
점박이둥글노린재 *Eysarcoris guttiger*	233
점박이불나방 *Agrisius fuliginosus*	219, 436
점박이수염하늘소 *Monochamus guttulatus*	359
점박이쌕쌔기 *Conocephalus maculatus*	307
점박이큰벼잎벌레 *Lema adamsii*	138
점줄흰애기자나방 *Problepsis plagiata*	442
점호리병벌 *Eumenes punctatus*	349
점흑다리잡초노린재 *Stictopleurus minutus*	245
점흰독나방 *Arctornis kumatai*	438
제비나비 *Papilio bianor*	204, 325
제이줄나비 *Limenitis doerriesi*	194

제일줄나비 *Limenitis helmanni* ·· 101
제주거저리 *Blindus strigosus* ·· 95
제주꼬마밤나방 *Cosmia achatina* ·· 430
제주노린재 *Okeanos quelpartensis* ······································ 232
조명나방 *Ostrinia furnacalis* ··· 450
조잔벌붙이파리 *Conops flavipes* ·································· 276, 344
좀 *Pedetontus nipponicus* ·· 135
좀날개여치 *Atlanticus brunneri* ··· 299
좀남색잎벌레 *Gastrophysa atrocyanea* ································· 141
좀말벌 *Vespa analis parallela* ··· 379
좀보날개풀잠자리 *Spilosmylus tuberculatus* ·························· 310
좀사마귀 *Statilia maculata* ·· 132, 312
쏨송장벌레 *Thanatophilus sinuatus* ····································· 87
좀집게벌레 *Anechura japonica* ···································· 135, 313
좀털보재니등에 *Bombylius shibakawae* ······························· 343
좁쌀메뚜기 *Xya japonica* ··································· 124, 298, 468
주둥무늬차색풍뎅이 *Adoretus tenuimaculatus* ·················· 177, 418
주둥이노린재 *Picromerus lewisi* ···································110, 236
주둥이바구미 *Lepidepistomodes fumosus* ······························ 175
주름물날도래 *Rhyacophila articulata* ·································· 407
주름재주나방 *Pterostoma gigantina* ···································· 458
주홍긴날개멸구 *Diostrombus politus* ··································· 265
주홍박각시 *Deilephila elpenor* ··· 223
주홍배큰벼잎벌레 *Lema fortunei* ·· 138
주황긴다리풍뎅이 *Ectinohoplia rufipes* ································ 181
줄각다귀 *Tipula taikun* ·· 281
줄꼬마팔랑나비 *Thymelicus leoninus* ····························· 201, 332
줄나비 *Limenitis camilla* ·· 100
줄남생이잎벌레 *Cassida lineola* ··· 149
줄납작밑빠진먼지벌레 *Parena latecincta* ······························ 85
줄노랑흰애기자나방 *Scopula superior* ································· 442
줄딱부리강변먼지벌레 *Asaphidion semilucidum* ······················ 84
줄먼지벌레 *Macrochlaenites costiger* ··································· 80
줄무늬감탕벌 *Orancistrocerus drewseni* ························ 284, 350
줄박각시 *Theretra japonica* ·· 223

줄베짱이 *Ducetia japonica* ·············· 302
줄보라집명나방 *Craneophora ficki* ·············· 450
줄우단풍뎅이 *Gastroserica herzi* ·············· 181
줄점불나방 *Spilarctia seriatopunctata* ·············· 219, 436
줄점팔랑나비 *Parnara guttata* ·············· 201, 332
중국별똥보기생파리 *Ectophasia rotundiventris* ·············· 270, 344
중국잎벌레붙이 *Luprops orientalis* ·············· 191
중국청람색잎벌레 *Chrysochus chinensis* ·············· 140
쥐머리거품벌레 *Eoscartopsis fusca* ·············· 264
지리산말매미충 *Bathysmatophorus japonicus* ·············· 260
진강도래 *Oyamia nigribasis* ·············· 412
진방물벌레 *Sigara bellura* ·············· 391, 465
진홍색방아벌레 *Ampedus puniceus* ·············· 96, 184, 371
질경이잎벌레 *Lochmaea caprea* ·············· 146
집개미붙이 *Opilo domesticus* ·············· 371
집게강도래 *Leuctra fusca* ·············· 411
집파리 *Musca domestica* ·············· 273
찔레애기잎말이나방 *Notocelia rosaecolana* ·············· 461

ㅊ

참검정풍뎅이 *Holotrichia diomphalia* ·············· 92
참고운고리장님노린재 *Castanopsides kerzhneri* ·············· 253
참나무갈고리나방 *Agnidra scabiosa* ·············· 217, 446
참나무노린재 *Urostylis westwoodi* ·············· 107, 248
참나무산누에나방 *Antheraea yamamai* ·············· 462
참나무순혹벌 *Neuroterus nawai* ·············· 287
참나무잎혹벌 *Andricus noli-quercicola* ·············· 287
참나무재주나방 *Phalera assimilis* ·············· 457
참나무하늘소 *Batocera lineolata* ·············· 355
참납작하루살이 *Ecdyonurus dracon* ·············· 410
참넓적사슴벌레 *Dorcus consentaneus* ·············· 362, 416
참땅벌 *Vespula koreensis koreensis* ·············· 116, 285
참매미 *Oncotympana coreana* ·············· 372
참머리먼지벌레 *Harpalus niigatanus* ·············· 85
참밑들이 *Panorpa coreana* ·············· 407

참북방밑들이메뚜기 *Prumna mandshurica* 293
참실잠자리 *Coenagrion johanssoni* 392
참쐐기나방 *Rhamnosa angulata* 460
참점땅노린재 *Adomerus rotundus* 106
참콩풍뎅이 *Popillia flavosellata* 178
참풀색하늘소 *Chloridolum japonicum* 357, 420
창나방 *Striglina cancellata* 461
창포그림날개나방 *Lepidotarphius perornatella* 213
청남생이잎벌레 *Cassida rubiginosa* 150
청동방아벌레 *Selatosomus puncticollis* 96, 183
청딱지개미반날개 *Paederus fuscipes* 89
청띠신선나비 *Nymphalis canace* 98
청색하늘소붙이 *Nacerdes waterhousei* 423
청줄보라잎벌레 *Chrysolina virgata* 144
초록장님노린재 *Lygocoris lucorum* 253
초록파리 *Isomyia prasina* 269, 343
칠성무당벌레 *Coccinella septempunctata* 161
칠성풀잠자리 *Chrysopa pallens* 309, 469
칠주둥이바구미 *Nothomyllocerus illitus* 175
칠흑왕눈이반날개 *Quedius arviceps* 88

ㅋ

카멜레온줄풍뎅이 *Anomala chamaeleon* 180
콜체잎벌레 *Cryptocephalus koltzei* 139
콩독나방 *Cifuna locuples* 439
콩박각시 *Clanis bilineata* 455
콩은무늬밤나방 *Ctenoplusia agnata* 335
콩중이 *Gastrimargus marmoratus* 122, 290
콩풍뎅이 *Popillia mutans* 178
크라아츠방아벌레 *Limoniscus kraatzi* 183
크로바잎벌레 *Monolepta quadriguttata* 147
큰가시머리먼지벌레 *Harpalus calceatus* 85
큰갈색띠밤나방 *Hypopyra vespertilio* 428
큰검정파리 *Calliphora lata* 113, 268
큰검정풍뎅이 *Holotrichia parallela* 418

큰남색잎벌레붙이 *Cerogria janthinipennis* ·············· 191
큰남생이잎벌레 *Thlaspida biramosa* ·············· 151
큰넓적송장벌레 *Necrophila jakowlewi* ·············· 87, 422
큰노랑들명나방 *Pionea ochrealis* ·············· 448
큰노랑테가시잎벌레 *Dactylispa masonii* ·············· 149
큰둥글먼지벌레 *Curtonotus giganteus* ·············· 82
큰딱부리긴노린재 *Geocoris varius* ·············· 244, 337
큰똥보바구미 *Brachypera zoilus* ·············· 173
큰멋쟁이나비 *Vanessa indica* ·············· 99, 193
큰무늬박이푸른자나방 *Comibaena tenuisaria* ·············· 441
큰물자라 *Appasus major* ·············· 388
큰밀잠자리 *Orthetrum melania* ·············· 116
큰사과잎말이나방 *Choristoneura adumbratana* ·············· 211, 460
큰수중다리송장벌레 *Necrodes littoralis* ·············· 86, 422
큰실베짱이 *Elimaea fallax* ·············· 304
큰쌍줄푸른밤나방 *Pseudoips sylpha* ·············· 431
큰알락흰가지나방 *Percnia giraffata* ·············· 444
큰이십팔점박이무당벌레 *Henosepilachna vigintioctomaculata* ·············· 165
큰자루긴수염나방 *Nemophora staududingerella* ·············· 206
큰장다리막대침노린재 *Gardena melinarthrum* ·············· 256
큰주홍부전나비 *Lycaena dispar* ·············· 331
큰줄납작먼지벌레 *Colpodes sylphis stichai* ·············· 83
큰줄흰나비 *Pieris melete* ·············· 105, 199, 329
큰집게벌레 *Labidura riparia japonica* ·············· 133
큰칠점박이포충나방 *Miyakea expansa* ·············· 446
큰허리노린재 *Melypteryx fuliginosa* ·············· 238
큰홍색뾰족명나방 *Endotricha consocia* ·············· 451
큰황나각다귀 *Nephrotoma pullata* ·············· 282
큰흰솜털검정장님노린재 *Proboscidocoris varicornis* ·············· 254
큰흰줄표범나비 *Argyronome ruslana* ·············· 99, 327

Ⓔ

탈장님노린재 *Eurystylus coelestialium* ·············· 254
탐라의병벌레 *Attalus elongatulus* ·············· 188
털두꺼비하늘소 *Moechotypa diphysis* ·············· 153, 358

털매미 *Platypleura kaempferi* ································· 374
털보말벌 *Vespa simillima simillima* ····················· 285, 378
털보바구미 *Enaptorhinus granulatus* ························· 173
털보애꽃벌 *Dasypoda japonica* ·································· 347
털보왕버섯벌레 *Episcapha fortunii* ···················· 368, 425
털보잎벌레붙이 *Luprops orientalis* ···························· 191
테수염검정잎벌 *Macrophya infumata* ······················· 283
톱날노린재 *Megymenum gracilicorne* ················ 106, 251
톱날무늬노랑불나방 *Miltochrista ziczac* ················· 438
톱날푸른자나방 *Timandromorpha enervata* ············ 441
톱니태극나방 *Spirama helicina* ································· 427
톱다리개미허리노린재 *Riptortus clavatus* ··············· 241
톱나리애밤바구미 *Archarius roelofsi* ······················· 173
톱사슴벌레 *Prosopocoilus inclinatus* ················ 363, 416
톱하늘소 *Prionus insularis* ·· 420
통사과하늘소 *Oberea depressa* ································ 156

ㅍ

파리매 *Promachus yesonicus* ····································· 279
팥바구미 *Callosobruchus chinensis* ·························· 176
팥중이 *Oedaleus infernalis* ································· 121, 289
포도거위벌레 *Byctiscus lacunipennis* ······················· 170
포도꼽추잎벌레 *Bromius obscurus* ··························· 140
포도들명나방 *Herpetogramma luctuosalis* ················ 448
포도애털날개나방 *Nippoptilia vitis* ·························· 209
폭탄먼지벌레 *Pheropsophus jessoensis* ·············· 80, 421
표주박기생파리 *Cylindromyia brassicaria* ················ 271
표주박긴노린재 *Caridops albomarginatus* ··············· 244
푸른등금파리 *Lucilia ampullacea* ······························ 268
푸른부전나비 *Celastrina argiolus* ······················ 104, 330
풀멸구 *Saccharosydne procerus* ································ 265
풀색꽃무지 *Gametis jucunda* ······························· 180, 318
풀색노린재 *Nezara antennata* ······························ 109, 226
풀색명주딱정벌레 *Calosoma cyanescens* ···················· 80
풀종다리 *Paratrigonidium bifasciata* ························ 308

풍뎅이 *Mimela splendens* ···179
풍뎅이붙이 *Merohister jekeli* ···89

ㅎ

하늘소 *Neocerambyx raddei* ···354, 420
한국강도래 *Kamimuria coreana* ···412
한국꼬마감탕벌 *Stenodynerus pappi* ···350
한국큰그물강도래 *Pteronarcys macra* ··413
한국홍가슴개미 *Camponotus atrox* ···119
한라십자무늬먼지벌레 *Lebia retrofasciata* ··84
한서잎벌레 *Galeruca dahlii vicina* ···145
햇님하루살이 *Heptagenia kihada* ··410
호랑꽃무지 *Trichius succinctus* ···180, 319
호랑나비 *Papilio xuthus* ··322, 323
호리꽃등에 *Episyrphus balteatus* ··341
호리납작밑빠진벌레 *Epuraea oblonga* ···321
호리병거저리 *Misolampidius tentyrioides* ···366
호리병벌 *Eumenes decoratus* ···117, 349
호리좀반날개 *Philonthus numata* ···425
호박벌 *Bombus ignitus* ···346
혹명나방 *Cnaphalocrocis medinalis* ···449
혹바구미 *Episomus turritus* ··174
혹외줄물방개 *Nebrioporus hostilis* ···385
홀쭉귀뚜라미 *Euscyrtus japonicus* ···129
홀쭉꽃무지 *Clinterocera obsoleta* ··93
홈줄풍뎅이 *Bifurcanomala aulax* ···179
홍날개 *Pseudopyrochroa rufula* ···190
홍다리조롱박벌 *Sodontia harmandi* ··120
홍다리주둥이노린재 *Pinthaeus sanguinipes* ··234
홍다리파리매 *Antipalus pedestris* ··279
홍단딱정벌레 *Coptolabrus smaragdinus* ···79
홍딱지반날개 *Platydracus brevicornis* ··88
홍띠애기자나방 *Timandra comptaria* ··214
홍배꼬마꽃벌 *Sphecodes similimus* ··347
홍배불나방 *Spilosoma album* ···437

525

홍비단노린재	*Eurydema dominulus*	230
홍색얼룩장님노린재	*Stenotus rubrovittatus*	255
홍점박이무당벌레	*Chilocorus rubidus*	166
홍점알락나비	*Hestina assimilis*	194
홍줄불나방	*Barsine striata*	435
홍줄큰벼잎벌레	*Lema delicatula*	138
홍테무당벌레	*Rodolia limbata*	166
홍테북방장님노린재	*Capsus koreanus*	254
홍테잎벌레	*Entomoscelis orientalis*	141
홍허리대모벌	*Pompilus reflexus*	119
화랑곡나방	*Plodia interpunctella*	212, 451
환삼덩굴좁쌀바구미	*Cardipennis shaowuensis*	176
활가뢰	*Zonitoschema japonica*	189, 426
황각다귀	*Nephrotoma virgata*	281
황갈색잎벌레	*Phygasia fulvipennis*	148
황갈색줄풍뎅이	*Brahmina striata*	92
황녹색호리비단벌레	*Agrilus chujoi*	185
황등에붙이	*Atylotus horvathi*	278
황머리털홍날개	*Pseudopyrochroa laticollis*	190
황알락그늘나비	*Kirinia epaminondas*	195
황알락팔랑나비	*Potanthus flavus*	201
황오색나비	*Apatura metis*	103
황줄점갈고리나방	*Nordstromia japonica*	217, 446
황초록바구미	*Chlorophanus grandis*	174
황호리병잎벌	*Tenthredo mortivaga*	283
회떡소바구미	*Sphinctotropis laxa*	176
회황색병대벌레	*Lycocerus vitellinus*	186
흑다리긴노린재	*Paromius exiguus*	244
흑점쌍꼬리나방	*Epiplema moza*	209
희미무늬알노린재	*Coptosoma parvipictum*	249, 336
희조꽃매미	*Limois emelianovi*	376, 466
흰개미	*Reticulitermes speratus kyushuensis*	380
흰깨다시하늘소	*Mesosa hirsuta continentalis*	359
흰날개큰집명나방	*Teliphasa albifusa*	450
흰눈까마귀밤나방	*Amphipyra monolitha*	429

흰독나방 *Euproctis similis* ··· 439
흰띠거품벌레 *Aphrophora intermedia* ·································· 263
흰띠명나방 *Spoladea recurvalis* ·································· 212, 449
흰머리잎말이나방 *Pandemis cinnamomeana* ························ 210
흰무늬껍질밤나방 *Negritothripa hampsoni* ·························· 430
흰무늬박이뒷날개나방 *Catocala actaea* ······························ 220
흰무늬왕불나방 *Aglaeomorpha histrio* ·························· 218, 435
흰애기물결자나방 *Asthena nymphaeata* ······························ 283
흰점멧수염나방 *Cidariplura gladiata* ·································· 433
흰점박이꽃무지 *Protaetia brevitarsis seulensis* ····················· 365
흰점박이꽃바구미 *Anthinobaris dispilota* ····························· 321
흰점쐐기나방 *Heringodes dentata* ······································ 458
흰점호리비단벌레 *Agrilus sospes* ······································ 185
흰제비불나방 *Chionarctia nivea* ·· 437
흰줄꼬마꽃벌 *Lasioglossum occidens* ································· 347
흰줄박이맵시벌 *Achaius oratorius albizonellus* ····················· 286
흰줄숲모기 *Aedes albopictus* ····································· 280, 467
흰줄태극나방 *Metopta rectifasciata* ···································· 427
흰줄표범나비 *Argyronome laodice* ···································· 327
흰줄푸른자나방 *Geometra dieckmanni* ······························· 441

곤충 크기 기준

곤충 종류에 따라서 크기를 측정하는 방법이 다르다.
대표 분류군 7개를 선정하여 크기 측정 방법을 소개한다.

- 벌목: 몸 길이
- 딱정벌레목: 몸 길이
- 메뚜기목: 몸 길이, 날개 끝 길이
- 나비목: 날개 편 길이
- 잠자리목: 몸 길이
- 노린재목: 몸 길이
- 파리목: 몸 길이